# 一个公式，玩转PPT

初一　王婷婷　屈鹏昊　著

電子工業出版社
Publishing House of Electronics Industry
北京·BEIJING

## 内容简介

本书分为 10 章。第 1 章介绍 PPT 必会操作——布尔运算和渐变，以及常用的素材网站。第 2 章至第 7 章从分析内容、确定布局、设置字体、进行配色、修饰细节、完善整体 6 个方面对排版要素进行展开介绍。第 8 章是实战环节，也就是将第 2 章至第 7 章的知识运用到实际制作中，让你运用排版公式做出既有逻辑性又有美感的页面。第 9 章是完整的 PPT 案例解析，你只学会制作单页并不够，还要学会让一整套 PPT 和谐统一。第 10 章介绍了 iSlide 和 boardmix 这两个国内较成熟的 AI 工具。

如果你在工作和学习中时常要用 PPT，但对 PPT 排版不知道从何处下手，那么本书值得你翻开阅读。



**图书在版编目（CIP）数据**

一个公式，玩转 PPT / 初一，王婷婷，屈鹏昊著. 北京 : 电子工业出版社，2024. 10. -- ISBN 978-7-121-48967-9

Ⅰ. TP391.412

中国国家版本馆 CIP 数据核字第 2024T012K2 号

责任编辑：石　悦
印　　刷：中国电影出版社印刷厂
装　　订：中国电影出版社印刷厂
出版发行：电子工业出版社
　　　　　北京市海淀区万寿路 173 信箱　　邮编：100036
开　　本：720×1000　1/16　　印张：16.75　　字数：273 千字
版　　次：2024 年 10 月第 1 版
印　　次：2024 年 10 月第 1 次印刷
定　　价：99.00 元

凡所购买电子工业出版社图书有缺损问题，请向购买书店调换。若书店售缺，请与本社发行部联系，联系及邮购电话：（010）88254888，88258888。

质量投诉请发邮件至 zlts@phei.com.cn，盗版侵权举报请发邮件至 dbqq@phei.com.cn。

本书咨询联系方式：faq@phei.com.cn。

# 前言

如果我们重复做一件事 1000 次，就一定会发现做这件事有某种规律，而利用这种规律可以更高效地做好这件事，“PPT 排版公式”由此而来。自 2017 年进入 PPT 行业以来，我接触了各行各业的客户，为客户制作了几百份 PPT。后来，我成立了 PPT 设计公司，接触的 PPT 案例有成千上万个。

做 PPT 多了，难免会产生厌倦感，而厌倦感就来源于这些东西都差不多，布局方式相同，设计手法类似。拿到一篇文案不超过 5 秒，对这篇文案应该怎么呈现，我的心里就有了雏形。

总有学员问：“老师，我会操作，就是没有灵感、没有创意，怎么办？”

做 PPT 真的需要灵感，需要创意吗？如果我们要呈现一个企业的发展历程，普通的做法就是将一段话堆在 PPT 上，而较有创意的做法是将内容按照时间线拆分，然后顺着物体轮廓布局。我们觉得这样的做法具有创意是因为与前者相比，这样做能更直观地呈现事件的先后顺序。这样的“创意”其实不是创意，而是“方法”。对于任何关于企业发展历程的页面、任何关于时间顺序的页面，我们都可以按照这个方法来做。

你之所以没有这样的灵感，想不到这样的“创意”，是因为你看得太少了，根本不知道还可以这样处理信息。如果你不了解颜色知识，就不知道该如何搭配颜色；如果你不学习字体的气质，就不知道该选什么字体；如果你不掌握布局方式，就不知道在页面中该如何放置元素；如果你不知道提升页面设计感的手法，你的 PPT 就无法做到精致。做不好 PPT 最主要的原因不是你没有想法，而是“你不知道”。

所以，本书的重点不是介绍操作技巧，而是告诉你关于 PPT 排版必须要学习和掌握的知识。学无止境，每一个知识板块延伸出去都是值得花数十年时间深入探索的，但是我们不会讲得过于深奥。我们是在做 PPT，而不是在做设计，学习知识最终是为了做好 PPT，因此本书中没有“高大上”的、繁复的原理，只有学完就能用到 PPT 中且非常好用的知识。

# 目 录

第 1 章

# PPT“小白”的蜕变之旅

大家好！我是初一，很高兴能以这样的形式与你见面。本书并不是一本只教你操作的图书，更想向你传递一种做 PPT 的思路。我在我们的视频课程中多次提到“PPT 排版公式”，如图 1-1 所示。本书是对 PPT 排版公式的详细介绍。做 PPT 必然会涉及分析内容、确定布局、设置字体、进行配色、修饰细节、完善整体。

图 1-1

对元素的选择和使用其实是有规律可循的，我们也可以这样说：“做 PPT 是有套路的。”我不想说得太“高大上”，只想告诉你如何用套路做出一份 90 分的 PPT。

在学习做 PPT 的思路之前，我想让你了解一些做 PPT 的必备知识。操作一定是思路的前提，不会操作，就算你的想法再天马行空，也没办法落实。

做 PPT 有两大必备操作，一个是渐变，另一个是布尔运算。两者的使用频率都相当高。现在我做 10 份 PPT，基本上有 9 份 PPT 会用到以上两个操作。我们先来介绍布尔运算，它十分有趣，希望它可以增加你对做 PPT 的兴趣。

## 1.1 神奇的布尔运算

布尔运算在 PPT 里其实不叫布尔运算，而叫合并形状。它是数字符号化的逻辑推演法。在图形处理操作中使用这种逻辑运算方法可以让简单的基本图形组合成新的形体。说白了，就是元素的相加和相减。

## 1.1.1　布尔运算的触发条件

这个功能并不像其他功能一样直接出现在菜单里，需要两个触发条件。

（1）页面上存在两个或多个单独的元素。元素可以是文字、形状、图片、视频。

（2）需要同时选中两个或多个单独的元素。

当用鼠标选中一个元素时，点击“形状格式”选项卡，可以看到“合并形状”下拉菜单，如图 1-2 所示（如果没有这个下拉菜单，那么检查一下软件版本。只有 Office 2016 以上的版本才有这个下拉菜单。WPS 2023 以上版本也有这个下拉菜单）。

图 1-2

此时，我们会发现“合并形状”下拉菜单是灰色的，无法操作。只有当我们至少选中两个元素时（按住 Shift 键可以同时选中多个元素），“合并形状”下拉菜单才处于可编辑状态，如图 1-3 所示。

有一个特殊情况要特别注意：线条虽然属于形状，但是无法进行布尔运算。

图 1-3

即使我们同时选中了线条和形状，“合并形状”下拉菜单也是灰色的，无法编辑，如图 1-4 所示。

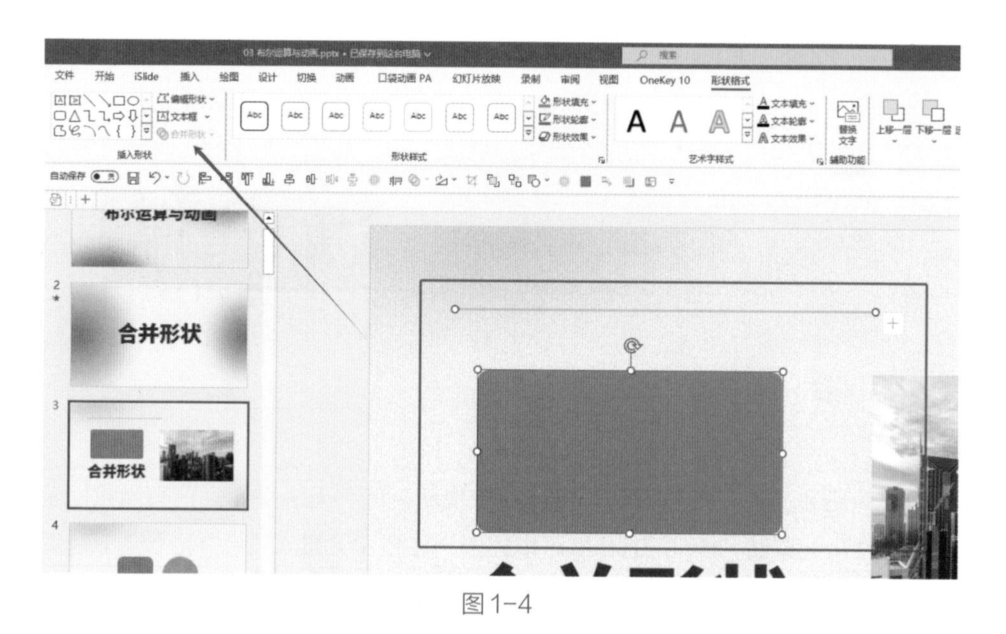


图 1-4

还有一种情况下也无法进行布尔运算。当我们选择多个元素时，点击鼠标右键，会出现一个选项，叫组合，如图 1-5 所示。

图 1-5

组合其实只是将多个元素暂时捆绑在一起，组合里的各个元素依然是自由的。我们可以在组合里自由地更改形状的颜色、位置、大小和外形，如图 1-6 所示。

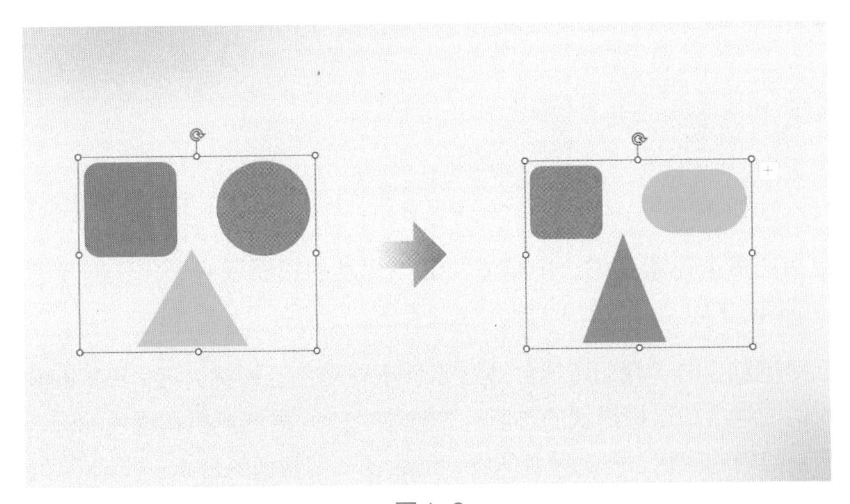

图 1-6

元素一旦组合后，就被暂时捆绑了，不作为单独的元素存在了。只要我们选中的元素中存在组合，“合并形状”下拉菜单就会处于不可编辑状态，如图 1-7 所示。

图 1-7

## 1.1.2　布尔运算的分类

布尔运算一共有 5 种，分别是结合、组合、拆分、相交和剪除。

### 1. 结合

#### 1）结合的定义

结合是指把多个元素变成一个整体。最终元素的材质取决于先选的元素，如图 1-8 所示。

当把 3 个圆结合时，我们可能会得到 3 种不同颜色的形状。这个形状的颜色取决于我们在结合前选择形状的顺序，先选绿色的圆再选黄色和橙色的圆，结合后便得到绿色的形状。先选黄色的圆，最后便得到黄色的形状。先选橙色的圆，最后便得到橙色的形状。

#### 2）结合和右键组合的区别

在介绍右键组合之前，你可能发现了，PPT 里有两个组合。一个是右键组合，如图 1-9 所示。另一个是“合并形状”下拉菜单中的组合，如图 1-10 所示。

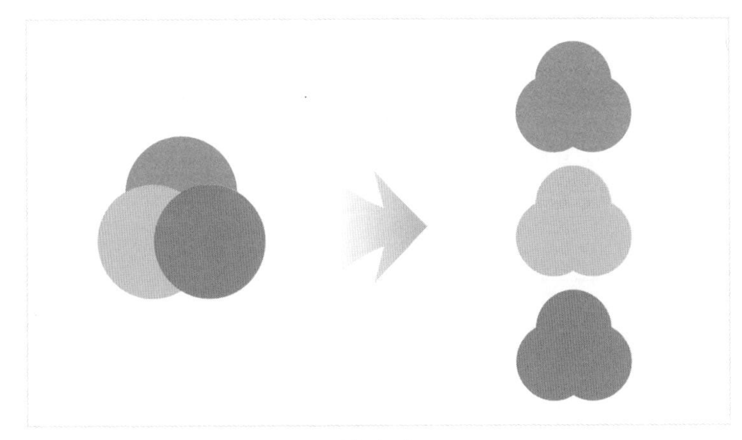

图 1-8

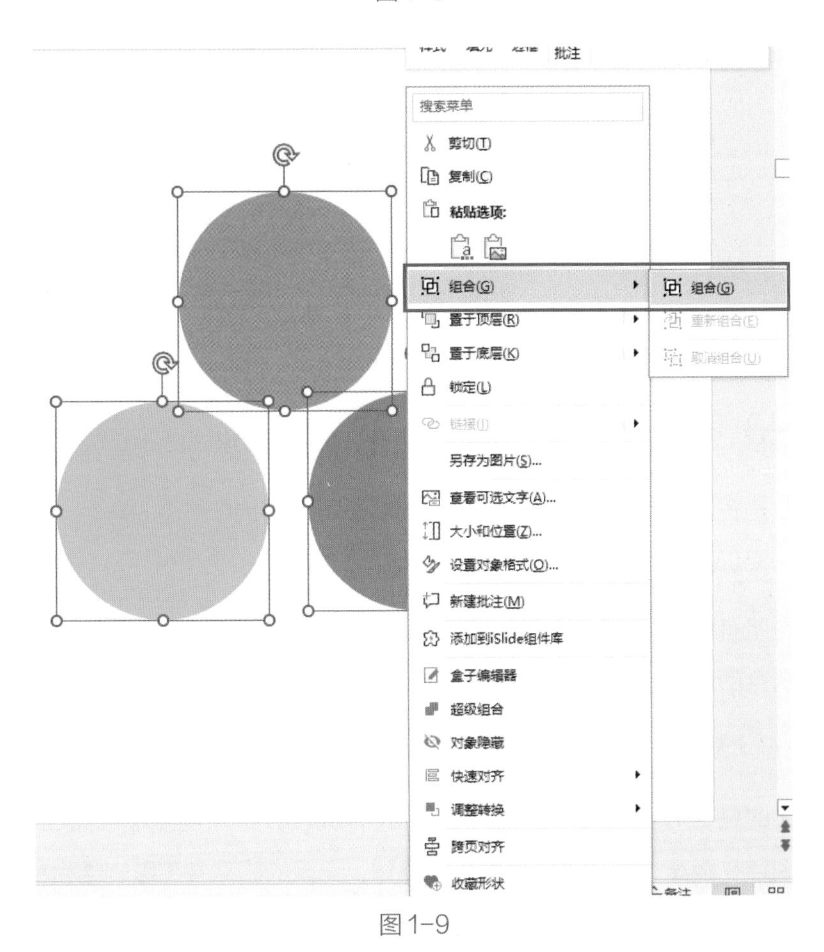
批注
搜索菜单
剪切(T)
复制(C)
粘贴选项:
组合(G)
组合(G)
置于顶层(R)
重新组合(E)
置于底层(K)
取消组合(U)
锁定(L)
链接(I)
另存为图片(S)...
查看可选文字(A)...
大小和位置(Z)...
设置对象格式(O)...
新建批注(M)
添加到iSlide组件库
盒子编辑器
超级组合
对象隐藏
快速对齐
调整转换
跨页对齐
收藏形状

图 1-9

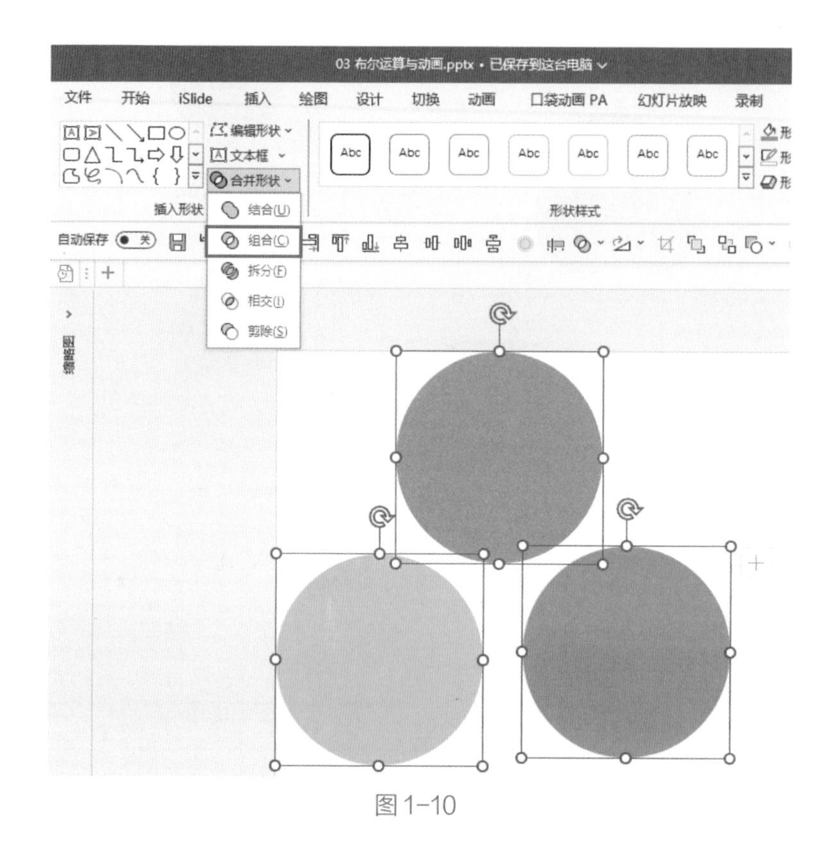


图 1-10

我们先不管“合并形状”下拉菜单中的组合，先介绍右键组合。

右键组合是将所有元素暂时捆绑。这个捆绑是可以取消的（取消组合），而且组合里的元素仍是自由的，可以随意调整大小、外形、颜色、位置。

结合则是所有形状融为一个整体，结合后是不能再局部更改的，而且 PPT 也没有取消结合的功能。

### 3）结合的本质

前文所述的是在 3 个圆相邻的情况下结合，元素成为一个整体。实际上，即使元素之间存在距离，结合后仍然是一个整体。元素的距离并不影响结合的本质：将多个元素变成一个整体，如图 1-11 所示。

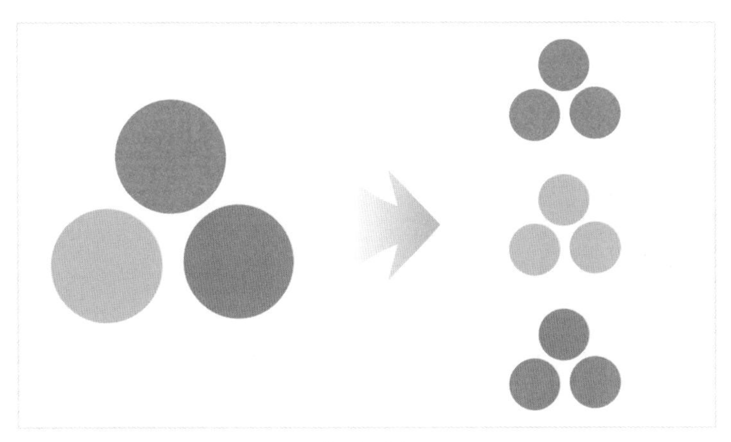

图 1-11

## 2. 组合

### 1）组合的定义

组合是指去掉元素重叠的部分，剩下的部分结合为一个整体。最终元素的材质取决于先选的元素，如图 1-12 所示。

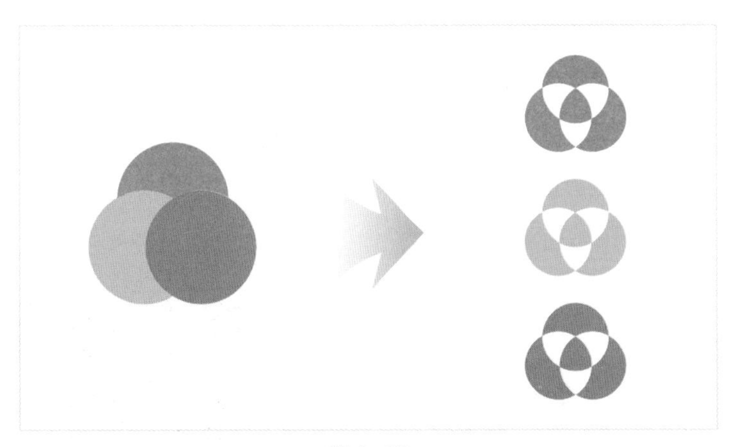

图 1-12

去掉元素重叠的部分后，剩下的部分会变成一个整体。先选谁，就会保留谁的颜色。

### 2）组合和右键组合的区别

“合并形状”下拉菜单中的组合会去掉元素之间重叠的部分，而右键组合对各个元素不会产生任何改变。

### 3）组合和结合的区别

当各个元素之间存在距离时，结合和组合的结果其实是一样的，如图 1-13 所示。只有当元素重叠时，组合的元素重叠部分才会被去掉，如图 1-14 所示。

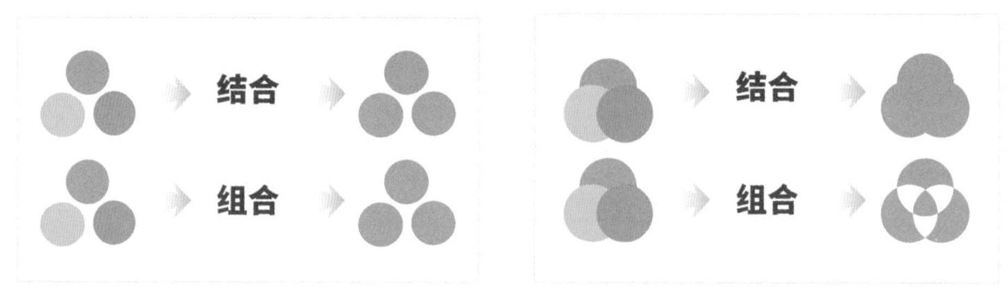


图 1-13　　图 1-14

### 4）组合的应用

组合可以代替 PS 做一些简单的海报效果。

准备一份矩形和文字（见图 1-15）素材，将矩形和文字重叠放置（见图 1-16），那么它们重叠的部分，也就是文字所在的部分都会被去掉，这就是镂空文字的原理（见图 1-17）。

图 1-15

图 1-16

图 1–17

插入一张图片（见图 1–18），将图片置于矩形的底层（见图 1–19）。

图 1–18

图 1–19

最后，把矩形填充为黑色，并设置 30% 的透明度，效果如图 1–20 所示。

图 1–20

## 3. 拆分

### 1）拆分的定义

拆分是指以元素轮廓为边界把元素拆成多个部分，最终元素的材质取决于先选的元素，如图 1-21 所示。

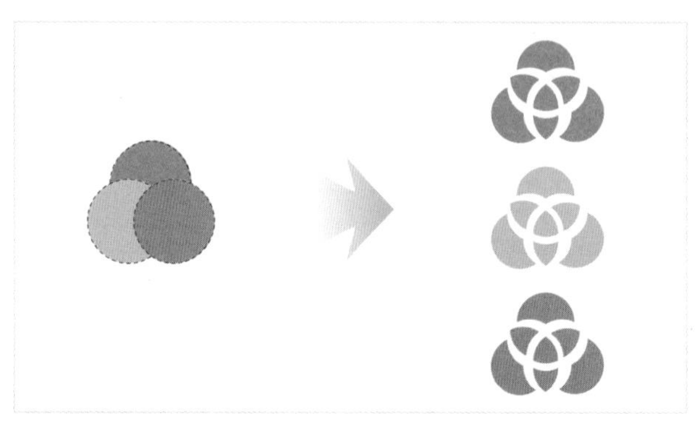

图 1-21

结合和组合后，我们最终都会得到一个元素，但是拆分刚好相反，拆分后原来的 3 个元素可能会变成更多独立的元素。把图 1-21 中的 3 个圆进行拆分，实际上变成了 7 个独立的形状。每一个形状的默认颜色都取决于先选的元素，先选哪个圆就使用哪个圆的颜色，但它们都是可以单独再调整颜色、大小和位置的，如图 1-22 所示。

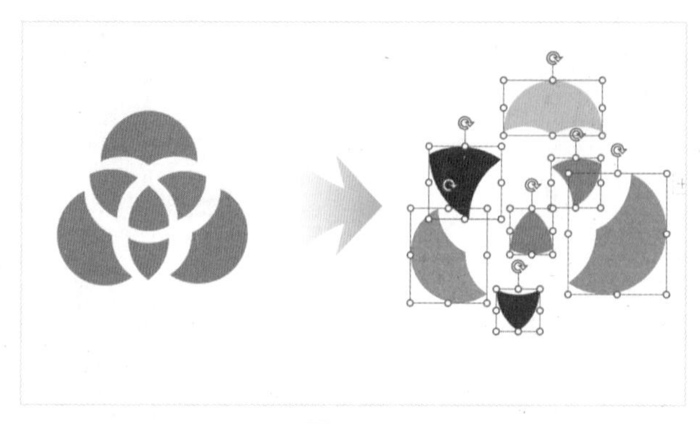

图 1-22

2）拆分的应用

以图 1-23 所示的企业简介为例，下方的“四边形平台”就是用拆分得到的。

图 1-23

①先绘制一个梯形。②用 3 个橙色矩形将梯形拆分。③把所有形状都设置成同一种颜色的。④删掉拆分后原来的橙色矩形所在的区域。⑤得到中间空缺的效果。⑥将剩下的形状设置成 90° 渐变（在 1.2 节会介绍渐变）。做好后的平台如图 1-24 所示。

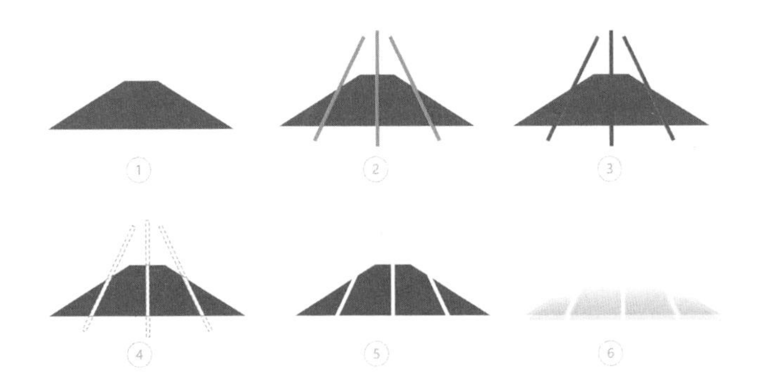


图 1-24

## 4. 相交

### 1）相交的定义

相交是指保留所有元素之间重叠的部分，最终元素的材质取决于先选的元素，如图 1–25 所示。

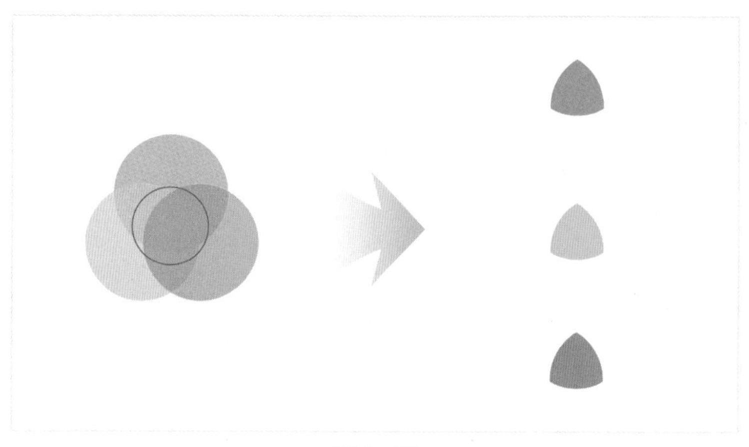

图 1–25

为了更好地观察，我把图 1–25 中左侧的圆进行了透明度处理，但原来是不具备透明度的。可以看到，中间画圈的不规则形状就是 3 个形状重叠的部分，因此将 3 个形状相交后，最终重叠的这个形状就被保留下来了。重叠的形状可能存在 3 种颜色，如果我们先选绿色的圆，再选其他两个圆，最后剩下的形状就是绿色的。其他两种情况同理。

### 2）相交的应用

在前面介绍布尔运算的原理时，我们都用了形状，但是从组合中可以看到，形状和文字也是可以进行布尔运算的。

实际上，PPT 有四大元素，即文字、形状、图片和视频。这四大元素是可以两两进行布尔运算的。尤其是相交，在这四大元素之间运用得尤其多。

（1）文字和图片相交。将文字与图片重叠放置，如图 1-26 所示。随后，先选图片，在按住 Shift 键的同时选中文字，点击“相交”选项，就能得到图片文字，如图 1-27 所示。

图 1-26

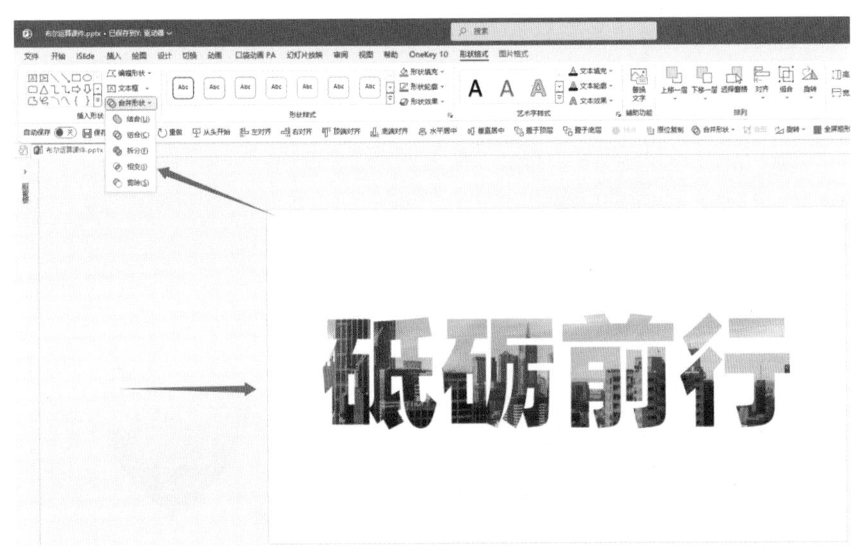


图 1-27

注意：这里的选择顺序非常重要。如果我们先选了文字，那么相交后得到的元素就是黑色的文字形状。虽然外形是文字，但是其实已经不能再进行文字编辑了，对其进行颜色之类的改变也是无效的，如图 1-28 所示。

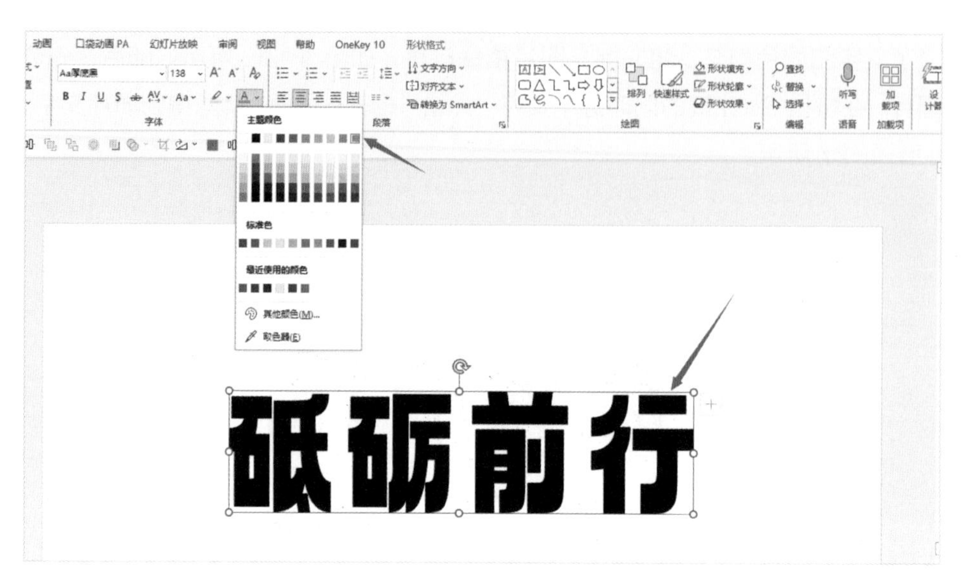


图 1-28

（2）形状和图片相交。将形状与图片重叠放置，依然先选图片再选形状，点击“相交”选项，即可快速将图片裁剪为形状，如图 1-29 所示。

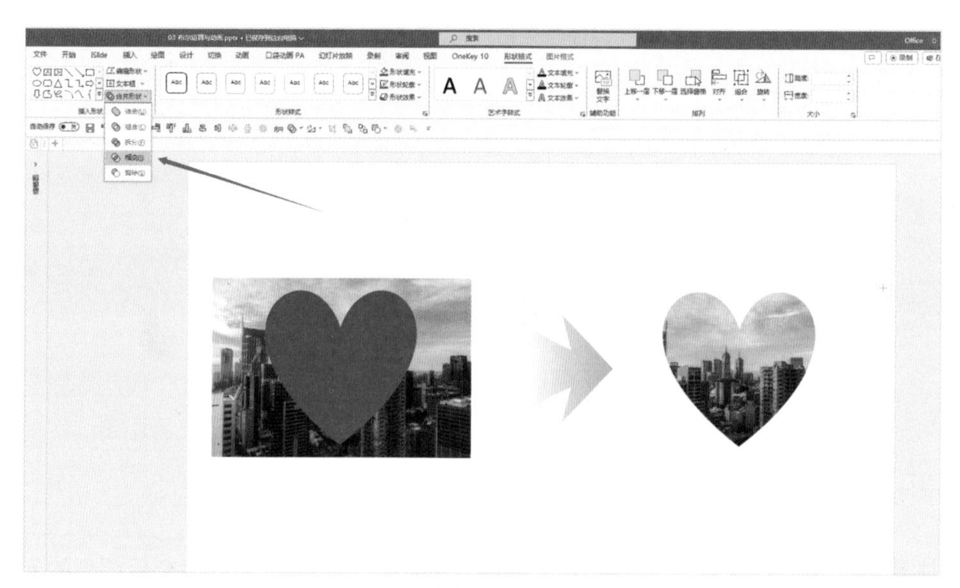


图 1-29

如果我们使用形状格式的图标与图片进行相交，就会得到更多的创意图片，如图 1–30 所示。

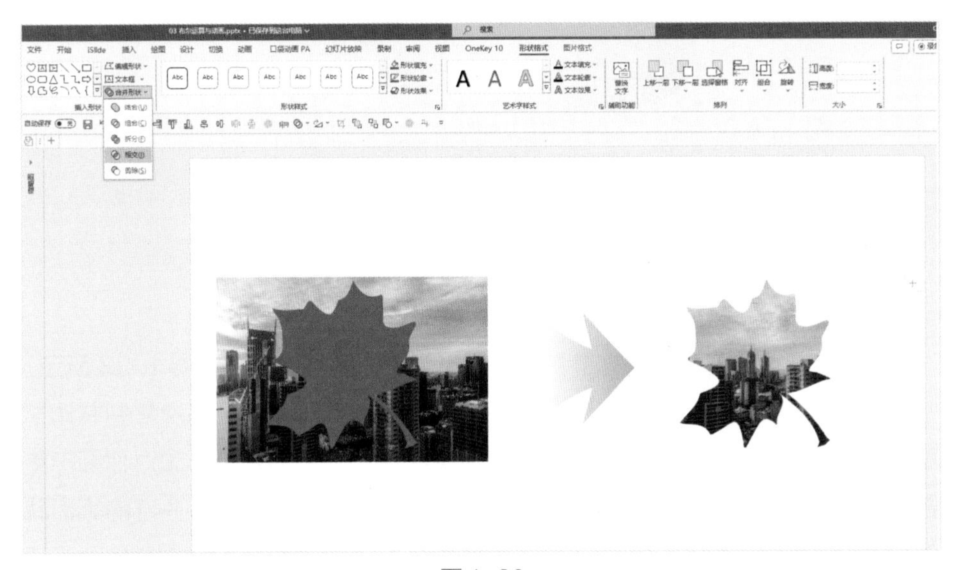


图 1–30

（3）其他相交。除了上述几种情况，还有其他相交方式。例如，文字与视频相交、形状与视频相交。书中不方便展示动态元素，你可以自行尝试。记住一个关键点：先选择哪个元素，哪个元素就会被保留下来，即先选谁，保留谁。

## 5. 剪除

### 1）剪除的定义

剪除是指去掉先选的形状中被后选的形状覆盖的部分。如果后选的形状覆盖了先选的形状的一部分，那么先选的形状被覆盖的那部分就会消失，如图 1–31 所示。

你可以记住这个口诀：先选谁，保留谁。哪里不要，就覆盖哪里。

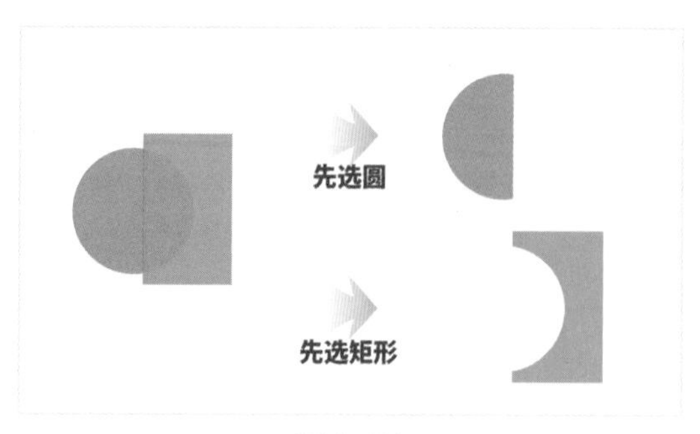


图 1-31

2）剪除的应用

（1）形状和形状的剪除。以矩形和圆角矩形为例，如图 1-32 和图 1-33 所示。①准备一个黑色矩形和一个橙色圆角矩形。②将橙色圆角矩形多次复制并调整宽度。③调整橙色圆角矩形的长度形成对称图形。④将黑色矩形和对称图形重叠放置。⑤先选择矩形，再框选对称图形，执行剪除运算，那么先选的矩形就会被保留下来，而后选的对称图形所覆盖的区域（即它本身）全部消失。⑥插入图片。⑦给形状设置透明度。⑧放上标题。最终得到的效果如图 1-34 所示。

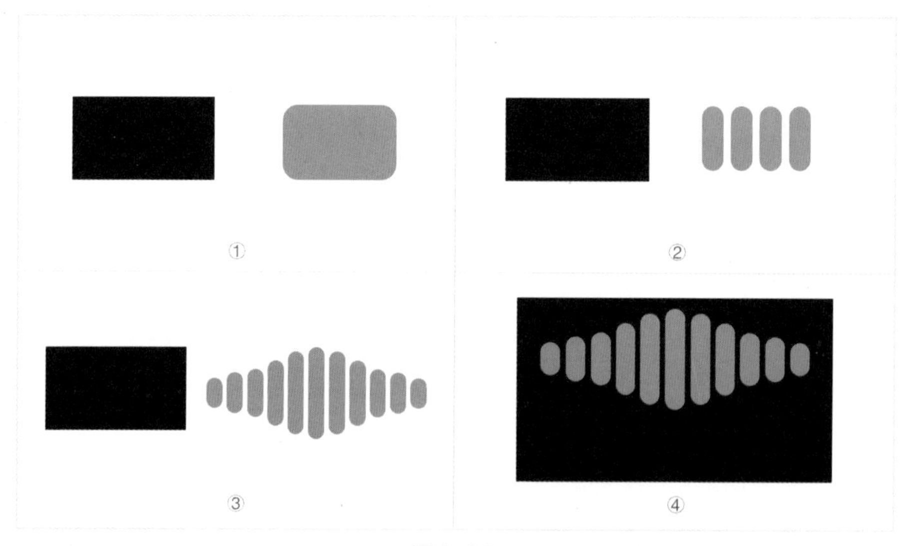


图 1-32

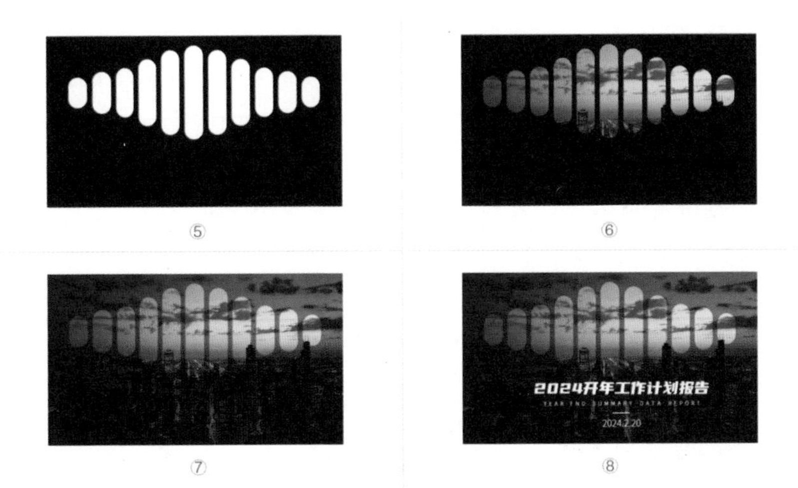


图 1-33

图 1-34

注意：当后选的形状全部处于第一个形状的范围内时，不管是执行剪除运算还是执行组合运算，得到的结果都是相同的。上述效果也可以用组合运算来做，你可以试一下。但是我们绘制的多个圆角矩形是不能右键组合的，一旦右键组合，它们就不是单独的形状了，那么所有的布尔运算都不能被执行了。

（2）形状和文字的剪除。按图 1-35 所示的步骤操作：①准备一个矩形和一个文本框，在文本框中插入文字。此处的文本框需要从形状工具里插入，不能用 PPT 自带的占位符，否则会影响最终效果。②将文字和矩形重叠放置。③先选择矩形，再选择文字，执行剪除运算。④在矩形的后方垫上一张图片。⑤给矩形设置黑色渐变填充。⑥在矩形的右侧放上文字，即可得到最终效果，如图 1-36 所示。

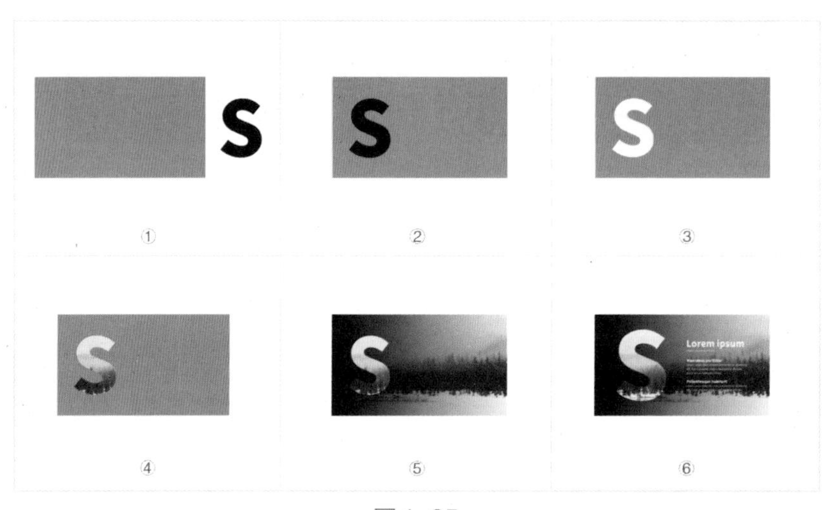


图 1-35

图 1-36

（3）图片和形状的剪除。按图 1-37 所示的步骤操作：①准备好一大一小两个椭圆。②把两个椭圆放置在一起。③先选大椭圆再选小椭圆，执行剪除运算，得到一个椭圆环。④将图片与椭圆（调整大小）放置在一起，先选图片再选椭圆，执行剪除运算，得到残缺的图片。⑤将椭圆环（调整大小）放置在图片上方，并复制一份错开放置。⑥先选图片后选两个椭圆环，执行剪除运算，放上文字内容后得到最终效果，如图 1-38 所示。

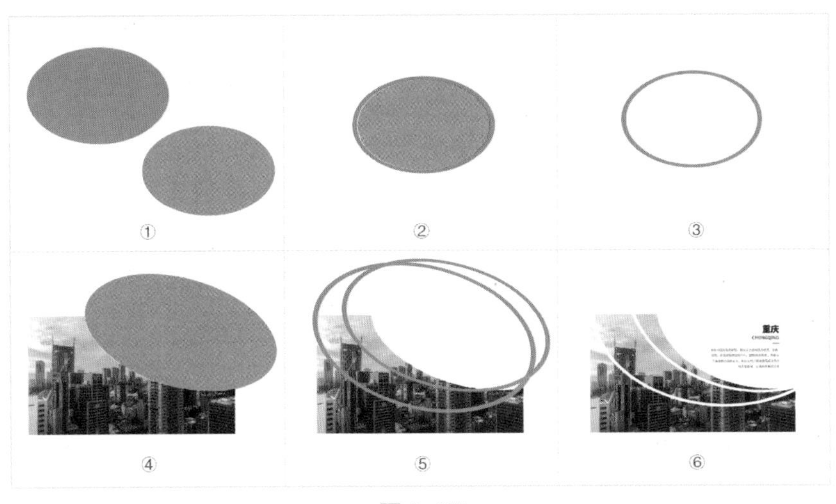


图 1-37

图 1-38

（4）其他剪除。PPT 里的四大元素也是可以两两进行剪除运算的，由于篇幅有限，只展示上述案例，你可以多尝试其他元素的剪除运算。

## 1.2 渐变的广泛应用

渐变和布尔运算一样，是做 PPT 的两大必备操作之一。PPT 里的渐变一共有 4 种类型：线性、射线、矩形、路径，如图 1-39 所示。对于这 4 种渐变，最常用的其实只有前两种，后两种的使用频率极低，这里就不展开介绍了。

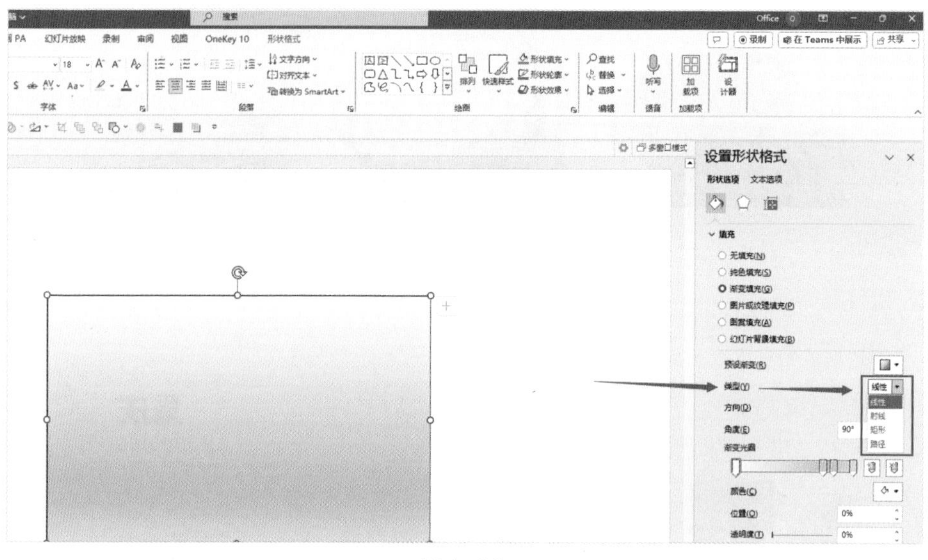


图 1-39

### 1.2.1 线性渐变

要想掌握线性渐变，就要掌握 5 个概念：方向（角度）、光轴、光圈、位置、透明度。

## 1. 方向（角度）

如图 1-40 所示，有方向和角度两个参数，它们控制的是颜色在形状里的位置。方向用于大致调整，有 8 个选项可以选择。角度用于精确调整，可以手动输入 0° 到 359.9° 。当选择第二个方向“线性向下”时，我们可以看到橙色在形状的上方，垂直向下变化，绿色在形状的下方。我们称这种颜色垂直向下变化的方式为线性向下。此时，渐变角度对应的是 90° 。

要想完全理解方向，就需要了解后面的几个概念，先往下看。

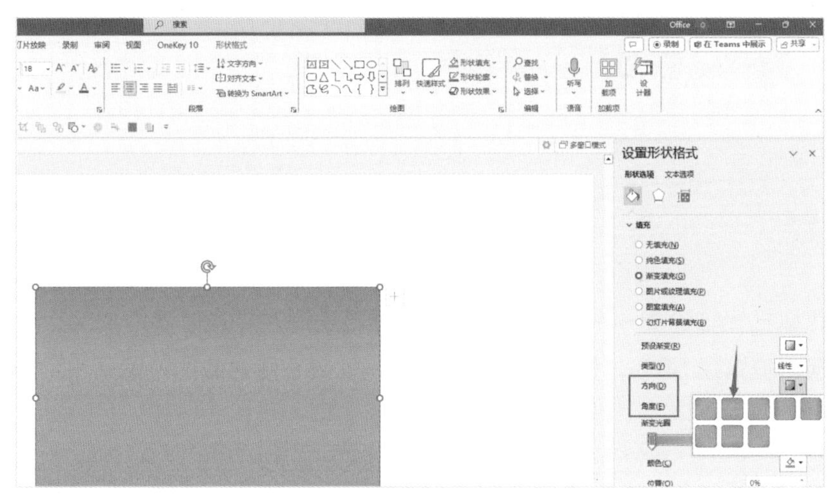


图 1-40

## 2. 光轴

光轴是一个细长的矩形，用来放置渐变光圈，如图 1-41 所示。光轴的颜色变化和形状的颜色变化是完全一致的。

## 3. 光圈

在光轴上像铅笔一样的形状就是光圈，如图 1-41 所示。一个光圈可以控制一个颜色，点击光轴右边的两个按钮可以增加或减少光圈。在光轴上直接点击可以增加光圈，选中已有光圈往下拖可以删除光圈。

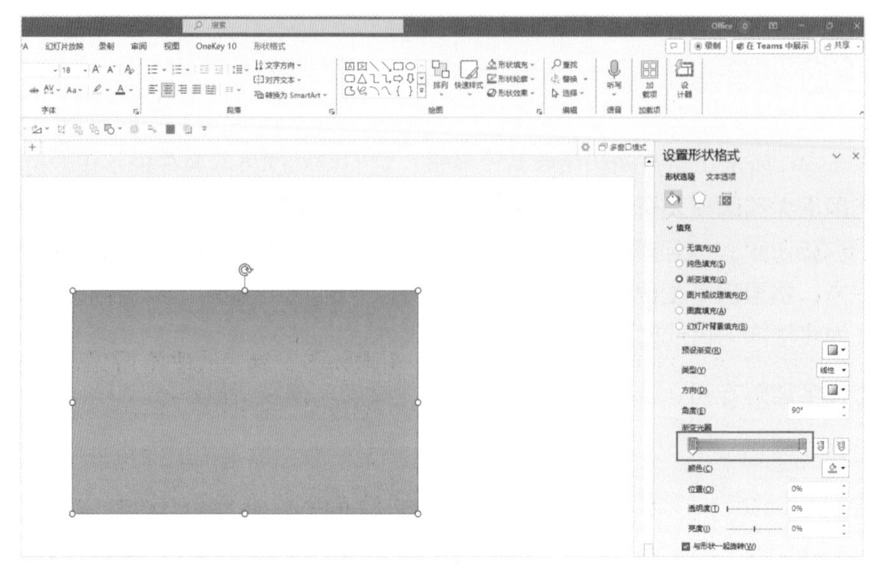


图 1-41

## 4. 位置

我们可以把光轴看成一个单向的坐标。光轴最左侧对应的位置是 0%，光轴中间对应的位置是 50%，如图 1-42 所示。光轴最右侧对应的位置是 100%。

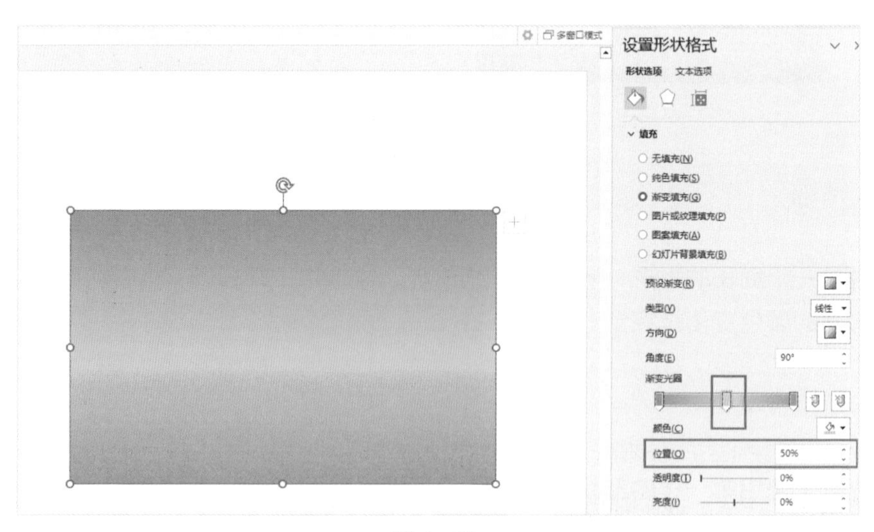


图 1-42

## 5. 透明度

透明度即颜色的可见度。当透明度为 0%时，颜色是 100%可见的，即颜色背后的白色背景被完全遮挡。当透明度为 100%时，颜色完全不可见，此时颜色背后的白色背景完全展示。

如图 1-43 所示，当绿色光圈的透明度为 100%时，绿色几乎不可见，后面的白色背景呈现出来了，所以绿色光圈原来所在的位置呈现出了白色。注意：前面说透明度为 100%时，颜色完全不可见，为什么在这里还能看见一些绿色？因为渐变光圈之间互相影响，由于前面的橙色光圈没有设置透明度，即使绿色光圈的透明度设置为 100%，也能看见一些绿色。如果把橙色光圈的透明度也设置成 100%，那么所有的颜色都完全不可见。

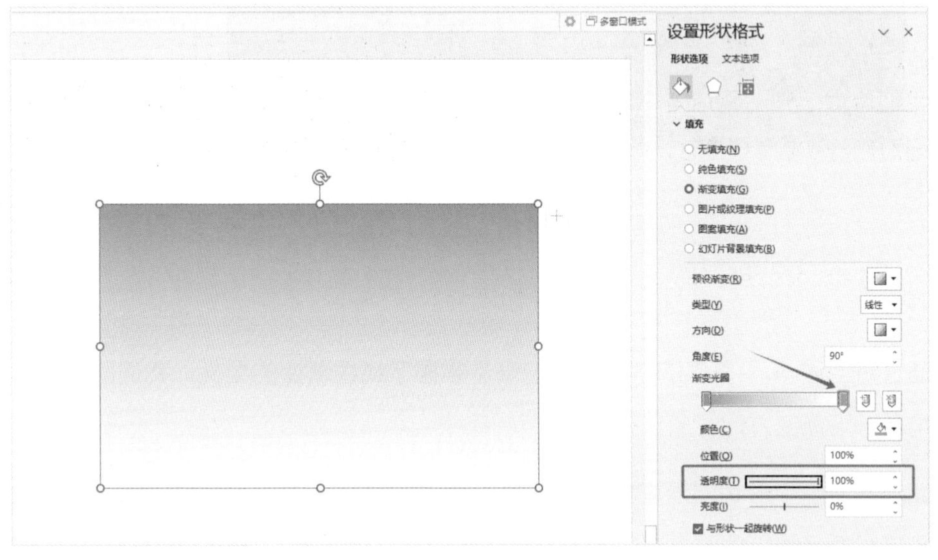


图 1-43

注意：在形状中，虽然绿色光圈的透明度设置到了 100%，但是形状中间仍有一些绿色的杂色。我们在做 PPT 的过程中经常用到渐变蒙版，需要用同色光圈来处理这些蒙版，才能保证蒙版中不会有其他杂色。

如图 1-44 所示，我们把所有光圈都填充为黑色，通过设置每个光圈的透明度，让图片上下的可见度更高，营造画面整体氛围。蒙版中间的透明度较低，在放置文字时，文字不会被下方的图片过多地干扰。这就是单色渐变蒙版的应用。

图 1-44

## 6. 渐变方向的分析

通过对上述 5 个概念的学习，我们基本掌握了线性渐变的要义。我们回过头来再看一下渐变方向。

如何判断一个形状的渐变角度？当角度为 0° 时，光轴上左侧是橙色光圈，右侧是绿色光圈。此时，光轴与形状的颜色变化完全一致，如图 1-45 所示。

当把角度改为 45° 时，形状里的颜色位置发生偏离，与光轴不再完全一致。为了使光轴与形状契合，我们需要将光轴向右旋转一定的角度。此时，光轴再次与形状一致，如图 1-46 所示。

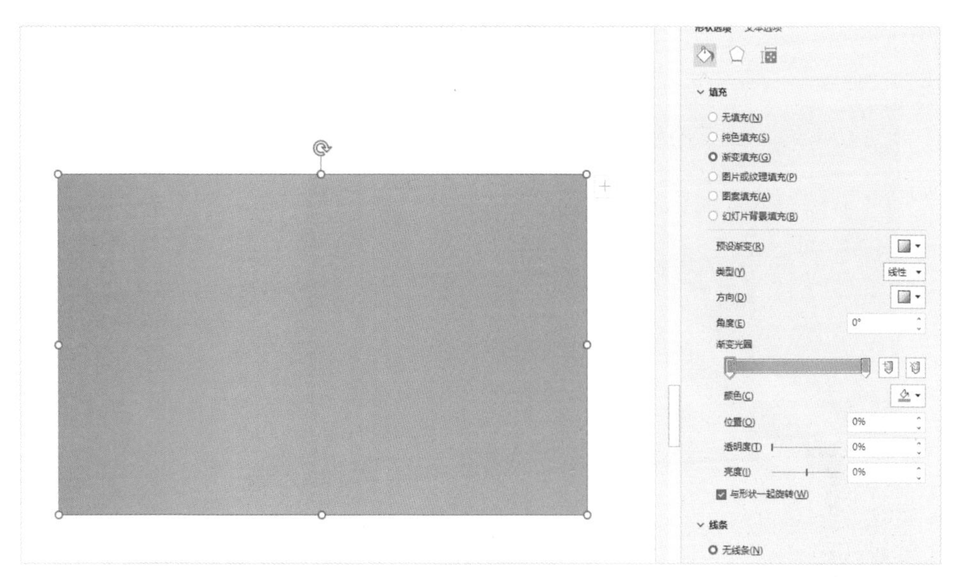


图 1-45

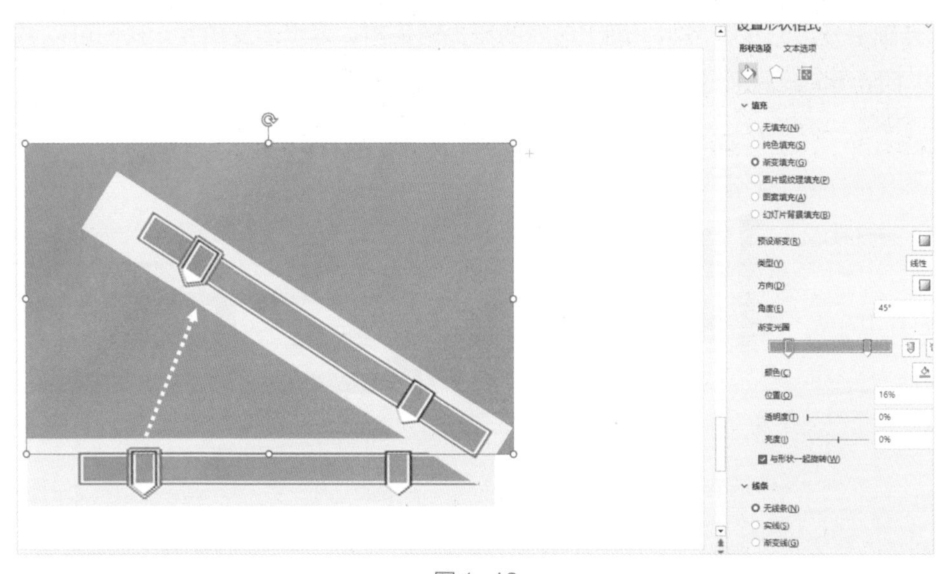


图 1-46

光轴在向右旋转的过程中旋转了多少度呢？没错，就是 45°。我们再来看，当形状的渐变角度是 135° 时又是什么情况，如图 1-47 所示。

为了使光轴与形状一致，我们需要将光轴向右旋转 135°。

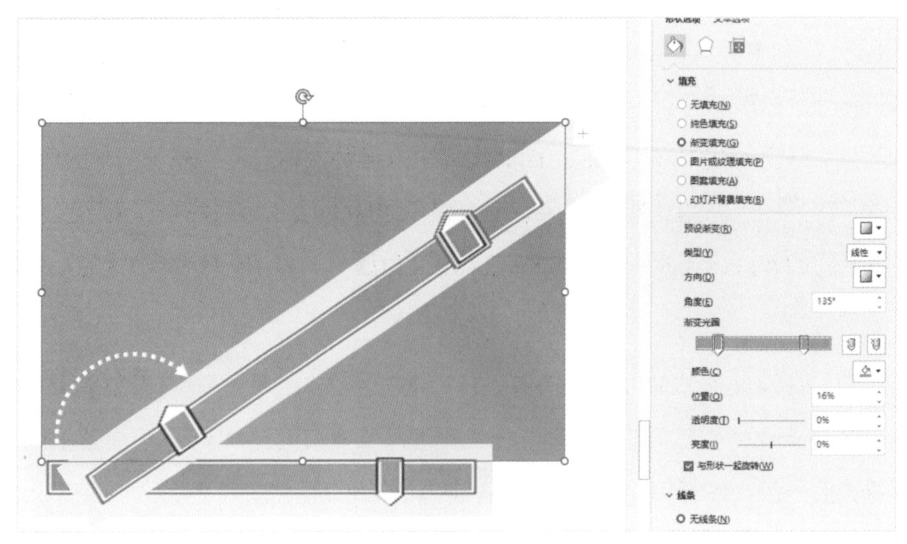


图 1-47

通过观察上述现象，我们可以得到这样一个结论：颜色之间的连接线与水平线（光轴最开始的状态是水平的）形成的左上角夹角，等于渐变角度。我们可以通过下面几个案例来做一下练习，如图 1-48 所示。

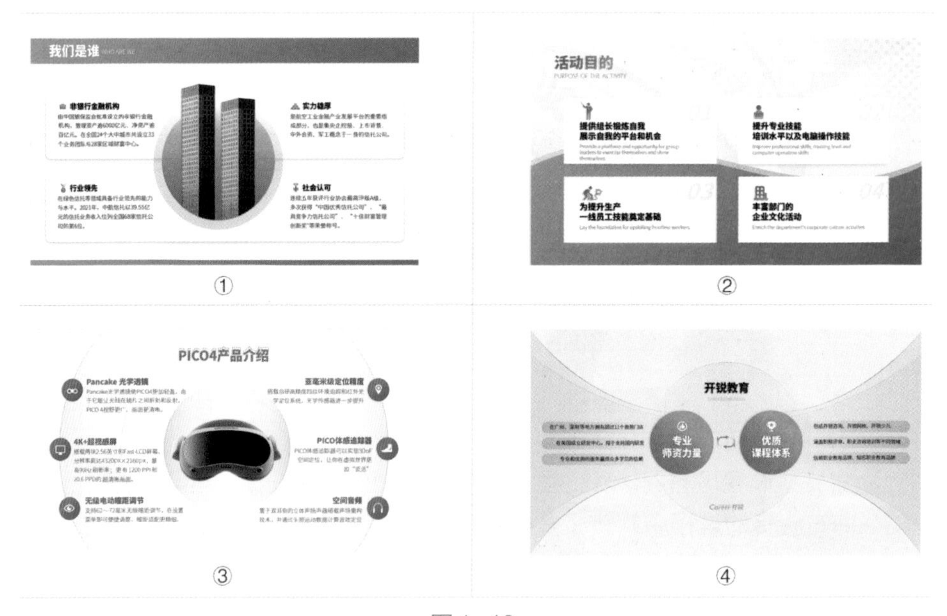


图 1-48

案例 1：页面中心大楼下方的整个圆从下到上呈现从蓝色到白色的渐变，但是通过白色后方的形状可见度可以得知，这里不是设置了白色，而是设置了透明度。由于这个蓝色的圆中没有杂色，因此我们可以推测两个光圈都属于同样的蓝色。同时，它们的上方是透明的蓝色，下方是不透明的蓝色，颜色垂直向下变化，颜色之间的连接线与水平线形成的左上角夹角是 90°，所以这个形状的渐变角度是 90°。

案例 2：在页面下方的波浪色块中，色块的左上角是绿色的，右下角是青绿色的，它们之间的连接线与水平线形成的左上角夹角应该是 45°。但是这里绿色还要靠上一点，青绿色还要偏下一点，所以实际的值应该大于 45°，在 55°左右。像这样的度数我们推测一个大致范围就足够了，在调整时先输入大致范围，再根据实际情况微调。

案例 3：产品背后的圆。左侧的是淡红色，中间的是白色，右侧的是淡红色。颜色从左到右变化，渐变角度是 0°。

案例 4：页面左侧类似梯形的不规则形状。左侧的是蓝色带低透明度，右侧的是蓝色带高透明度，颜色从左到右变化，渐变角度是 0°。

你可以试着画上述案例，看看能否与页面中的渐变方向一致。只要掌握了渐变方向，在后期调整渐变时就能够信手拈来。

## 1.2.2　射线渐变

### 1. 表现形式

射线渐变其实很容易理解。我们可以把它理解为由一个光源向四周发散（射）。因此，颜色不是线性变化的，而是弧形变化的，如图 1-49 所示。

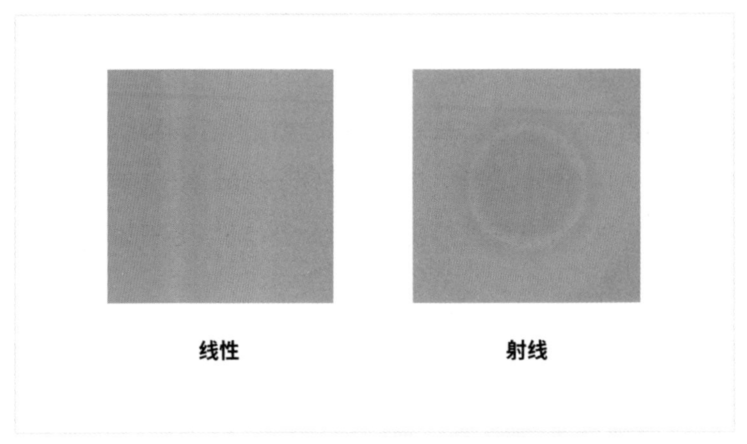


图 1-49

## 2. 方向

射线渐变不像线性渐变一样可以随意调整方向，只有 5 个方向可以选择，分别是以右下角为圆心扩散、以左下角为圆心扩散、以中间为圆心扩散、以右上角为圆心扩散、以左上角为圆心扩散，如图 1-50 所示。

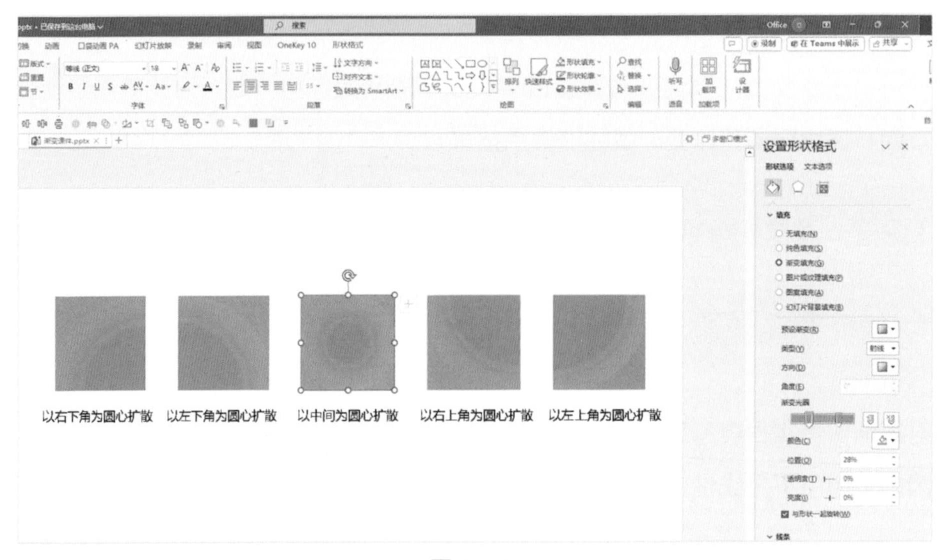


图 1-50

### 3. 光轴、光圈、位置及透明度

光轴上最左侧的光圈颜色就是发散点的颜色。例如，左侧光圈颜色是橙色，方向选择以中间为圆心扩散，那么形状中间的颜色就是橙色，如图 1-50 所示。

射线渐变的位置及透明度和线性渐变的一致，此处不再展开讲解。

### 4. 射线渐变的应用

#### 1）背景

射线渐变常用于科技风 PPT 的背景中，渐变填充可以增强视觉冲击力。如图 1-51 所示，这个 PPT 的背景中间偏亮，四周偏暗，说明颜色是由中间向四周渐变的，那么它的方向就是以中间为圆心扩散，在光轴上体现为光轴左侧的光圈偏亮、右侧的光圈偏暗。

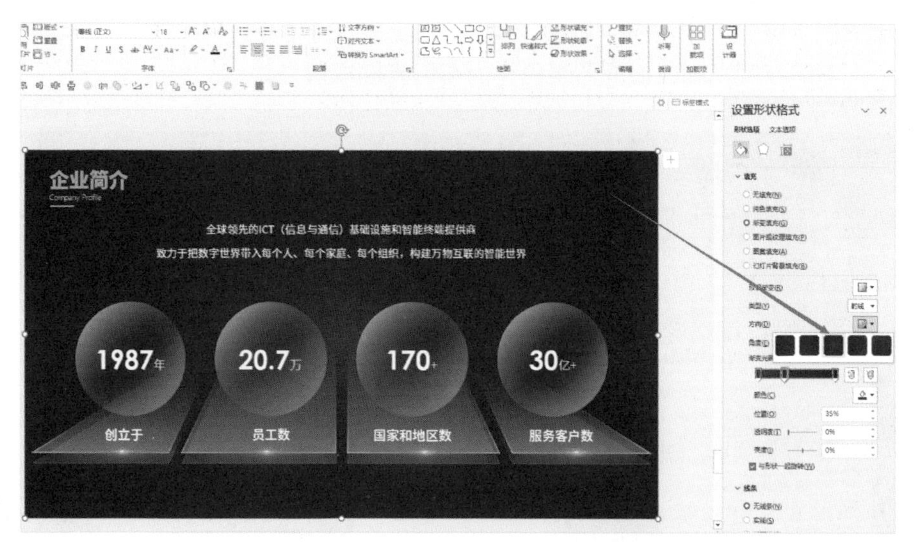


图 1-51

#### 2）元素

图 1-52 中的圆并不是用线性渐变完成的，而是由两个射线渐变的圆拼合而成的。

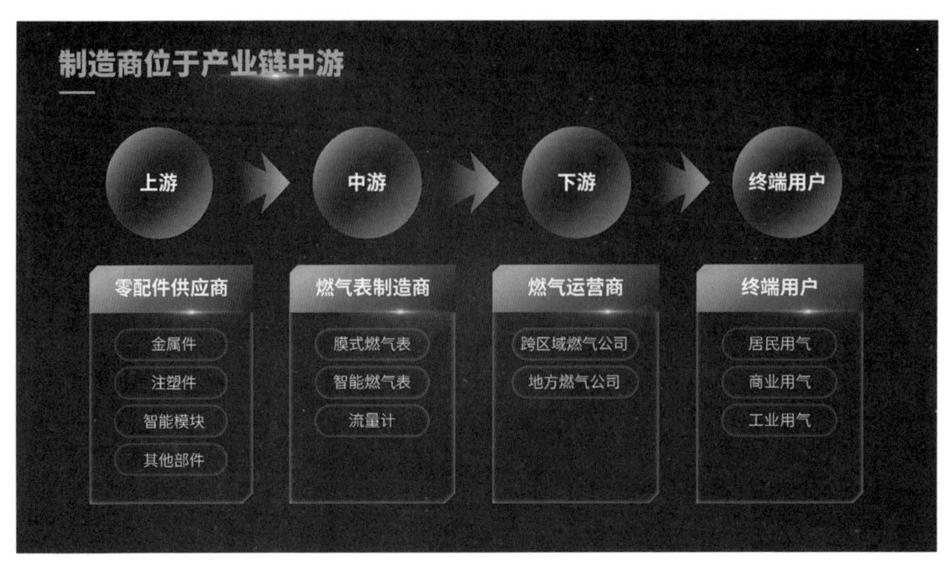


图 1-52

如图 1-53 所示，第一个圆的表现是：颜色以右下角为圆心扩散而来变成青色，说明选择了以右下角为圆心扩散的射线渐变。右下角的颜色是接近背景色的，所以光轴的左侧光圈应该取背景色，而右侧光圈取青色。

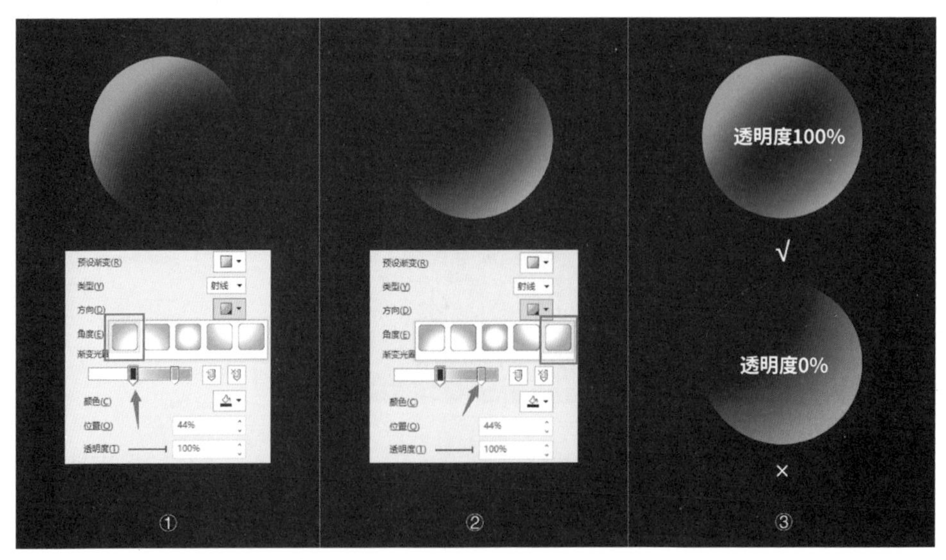


图 1-53

第二个圆的表现是：颜色以左上角为圆心扩散而来变成蓝色，说明选择了以左上角为圆心扩散的射线渐变。左上角的颜色是接近背景色的，所以光轴的左侧光圈应该取背景色，而右侧光圈取蓝色。

注意：因为最后我们要将两个圆重叠放置，所以两个圆的左侧光圈应该设置透明度，才能保证不管哪个圆在顶层都不会遮挡下方的圆的颜色。如果不给左侧光圈设置透明度，那么下层的圆的颜色会被遮挡。

## 1.3　免费、好用的素材去哪里找

我们在做 PPT 的过程中需要各种资料：图片、图标、字体等。付费的素材网站非常好找，但是免费的很少。我收集了各类免费商用的素材网站，你可以按需查找。

### 1.3.1　免费商用的图片网站

#### 1. Pexels

这是全球知名的免费图片网站，如图 1-54 所示。网站的所有图片和视频均可免费商用。可将图片用于网站、演示文稿或出售的模板、传单、杂志、相册、书籍、CD 封面等。

#### 2. pixabay

该网站提供了大量的免版税的图片、视频、音频和其他媒体内容，且支持中文搜索，如图 1-55 所示。

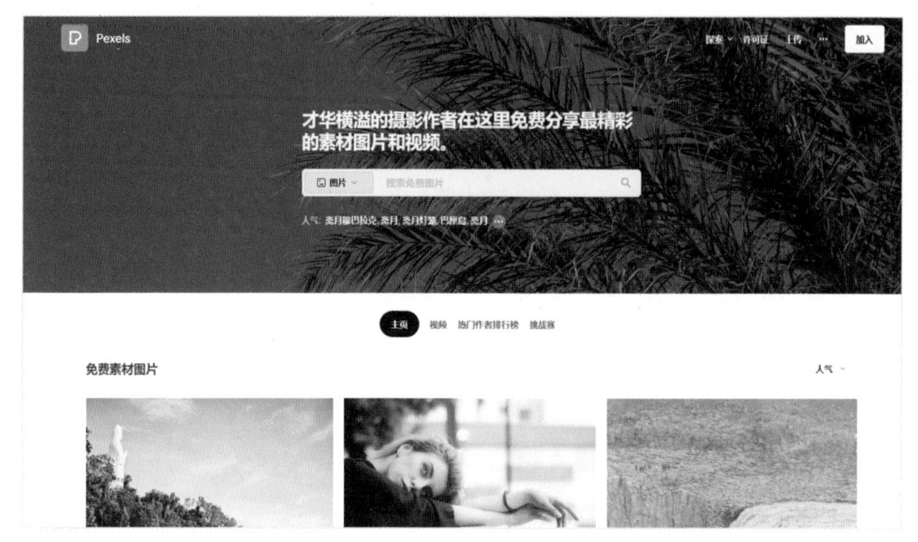


图 1-54

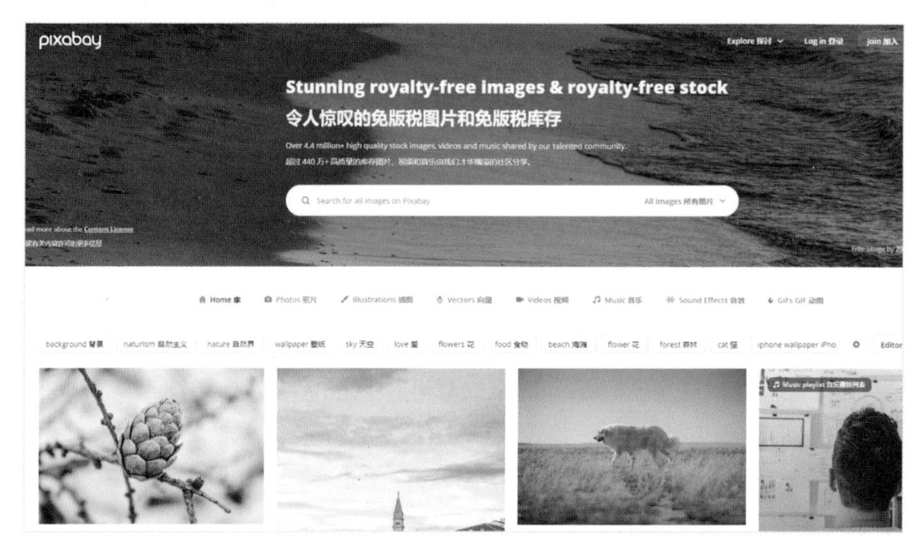


图 1-55

## 3. Unsplash

这是全网质量较高的免费图片素材网站之一。该网站上的所有照片均可免费下载，并且可以用于任何个人或商业领域。Unsplash 被《福布斯》《企业家杂志》

CNET 和 The Next Web 评为全球领先的摄影网站之一，如图 1-56 所示。

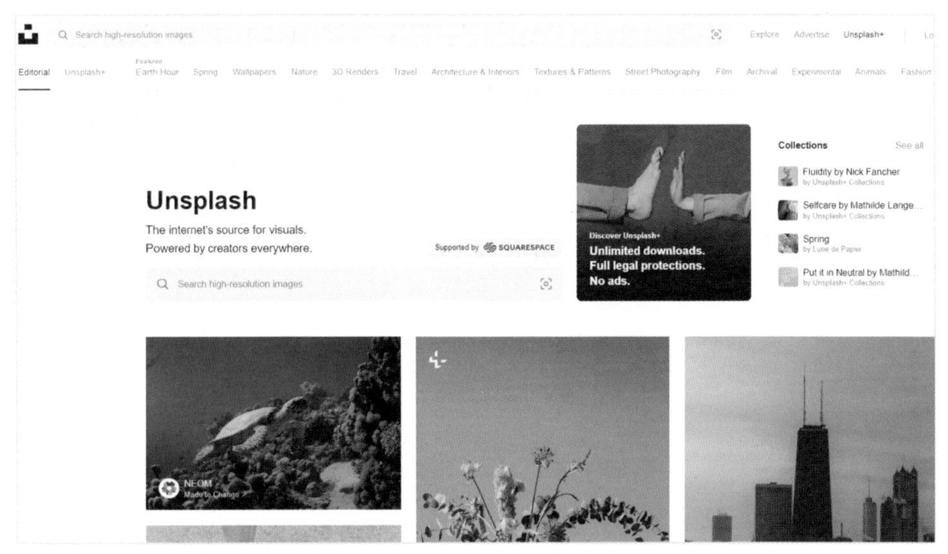


图 1-56

## 1.3.2　免费商用的图标网站

### 1. IconPark

这是字节跳动团队开源的一个图标库，一共提供超过 2400 个高质量的图标。可以通过单一的 SVG 源文件变换出各种主题，包括线框、填充、双色、多色等特性，如图 1-57 所示。

### 2. IconStore

这是一个免费的矢量图标库，可供下载用于商业用途。IconStore 提供的图标的质量高，并有详细的分类，大多是矢量格式（AI/SVG/EPS）的，可以免费商用，无须标注出处，如图 1-58 所示。

图 1–57

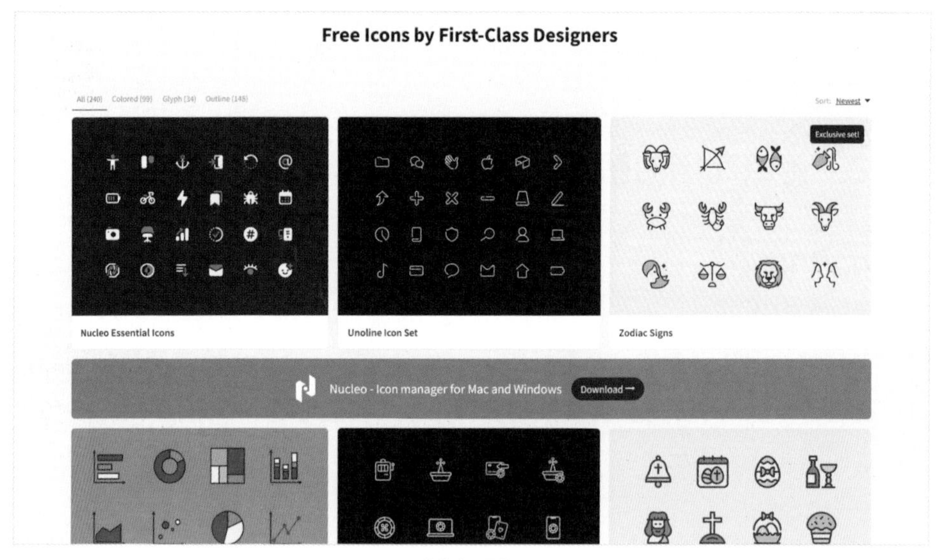


图 1–58

## 1.3.3 配色网站

配色是做 PPT 非常重要的一步，如果你不太会搭配，那么可以选择一些现成的配色方案用作参考。下面推荐一些现成的配色网站。

## 1. ColorDrop

在这个网站上，4 个颜色为一组，基本能满足大部分 PPT 设计所需，且支持搜索特定的颜色搭配，如图 1-59 所示。

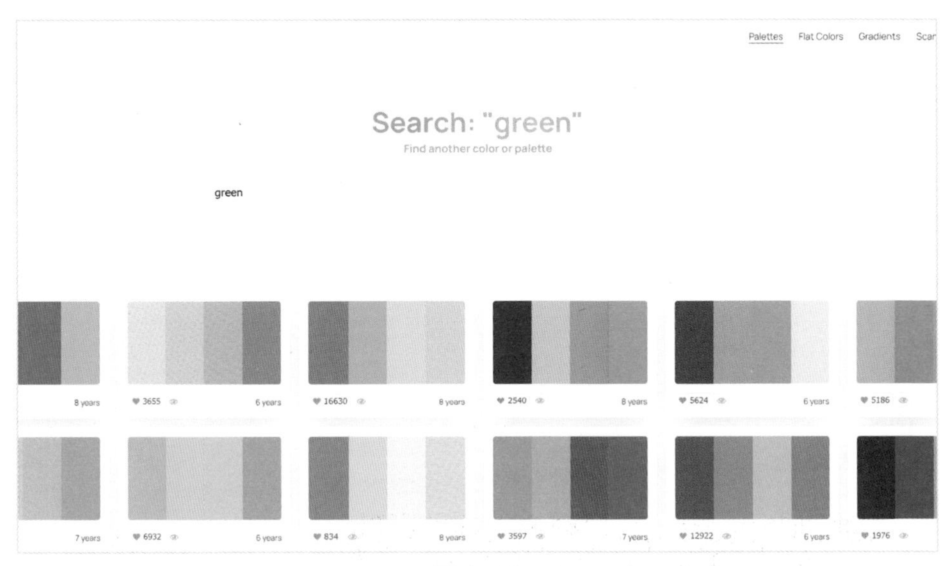


图 1-59

## 2. ColorSpace

这个网站支持事先选取一种特定的颜色，然后根据选定的颜色，给出多套配色方案，如图 1-60 所示。在实际做 PPT 的过程中，我们往往会先确定一个主色，然后借助这个网站选择辅色和强调色。

## 3. CoolHue 2.0

这是一个渐变色网站，有几百种渐变方案，如图 1-61 所示。

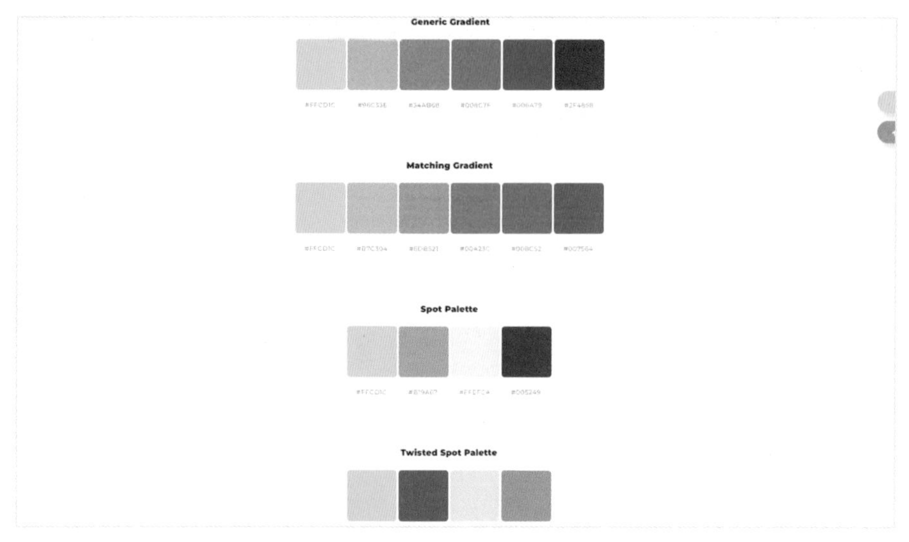


图 1–60

图 1–61

## 4. Adobe Color

这个网站可以自己搭配颜色。最重要的是，它有一个协助工具——对比检查器，可用于查看我们的文字颜色和背景颜色搭配得是否合理，如图 1–62 所示。

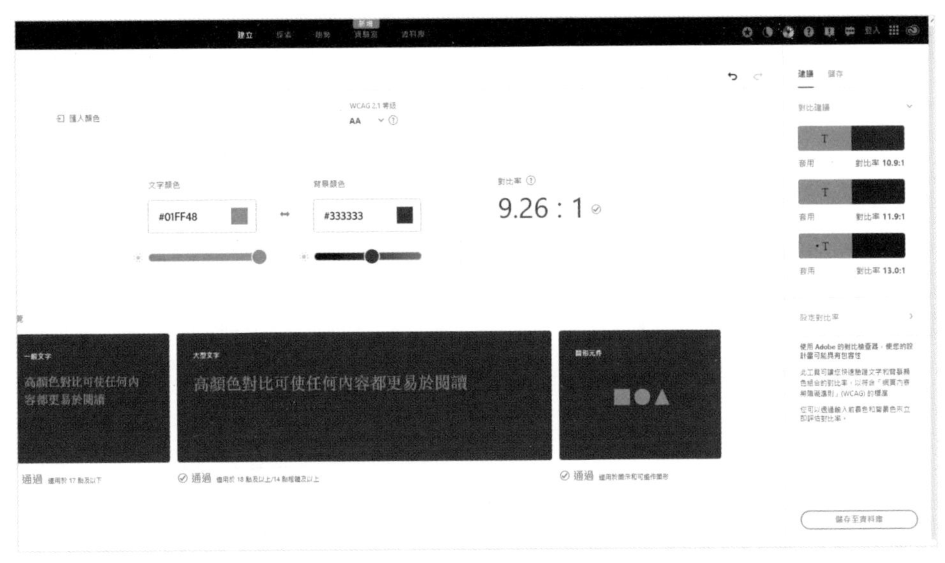


图 1-62

## 1.3.4　字体网站

字体比较特殊，是否可商用要根据字体版权方的授权范围而定。这里推荐的字体网站能够让你下载并使用字体，但如果要将字体进行商用，除了免费商用的字体，其他字体需要取得版权方授权。

### 1. 字体天下

这个网站收集的字体非常全，支持搜索。所需的字体基本都能在这个网站上搜索到，而且你还可以筛选免费商用的字体，如图 1-63 所示。

### 2. 求字体

我们有时候会在一些作品上看到一些效果非常棒的字体，如果你想知道设计师用的是什么字体，就可以截图用求字体网站进行识别与搜索，如图 1-64 所示。

图 1-63

图 1-64

## 3. 字由客户端

这是一个字体插件，收录了几千种字体。我们点击网页右侧的按钮可以快速启用插件内的字体，无须安装，如图 1-65 所示。

图 1-65

## 1.3.5　视频网站

前面推荐了 3 个免费商用的图片网站，其中的 Pexels 和 pixabay 不仅是免费图片网站，还是免费视频网站，且收录的视频非常多，几乎可以满足我们做 PPT 所需。下面再推荐两个视频网站以作补充。

### 1. Mixkit

这是一个免费的素材网站，不仅有大量视频素材，还包含音乐、视频模板和声音特效，如图 1-66 所示。

### 2. Coverr

这是一个专门为摄影师和设计师提供免费视频的素材库。在这个网站上，你可以找到大量的免费高清视频素材，涵盖了旅行、生活、自然等多种主题。你只需在搜索框中输入关键词，即可找到相应的视频素材，如图 1-67 所示。

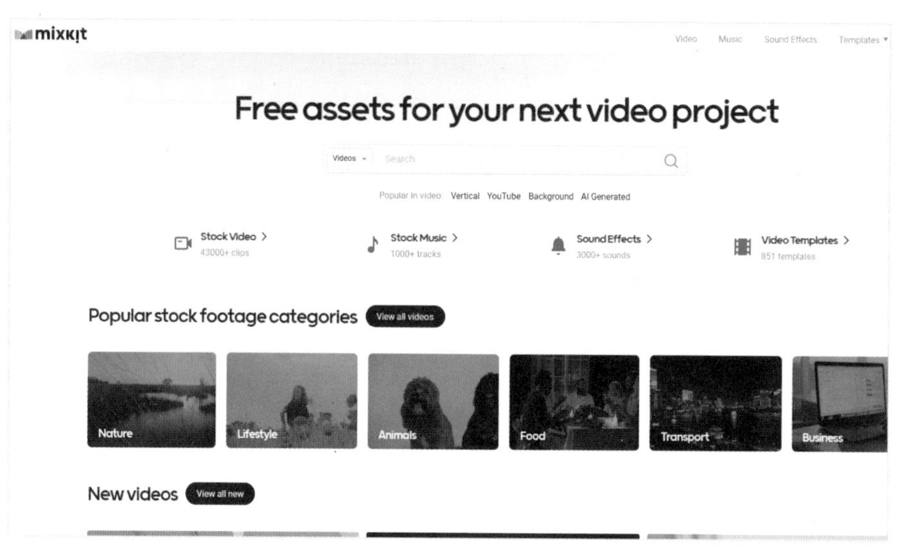


图 1-66

图 1-67

## 1.4 效率“神器”——PPT快捷操作

你应该听说过快捷键，使用某些快捷键可以代替好几步操作，可以极大地提高工作效率。在 PPT 中，除了快捷键，还有快速访问工具栏和 PPT 插件这两大“神器”，它们的使用频率非常高，因此特地进行讲解。

## 1.4.1　快速访问工具栏

在 PPT 的选项卡中有很多操作。例如，图片裁剪、图形旋转、元素对齐等。我们往往需要先点击对应的选项卡，然后点击对应的功能组，再选中对应的选项，最后才能进行这些操作。整个过程需要点击 3～5 次。

以对齐为例，当选择多个元素，需要将它们放在同一条水平线上时，我们需要先点击“排列”下拉菜单，点击“对齐”选项，再点击“垂直居中”选项。当我们在“垂直居中”这个选项上点击鼠标右键时，会弹出一个选项：添加到快速访问工具栏，如图 1-68 所示。我们点击这个选项后，垂直居中这个功能会出现在 PPT 界面的顶端。我们直接点击图 1-68 中左侧箭头所指的快速访问工具栏顶端的按钮即可快速对齐。

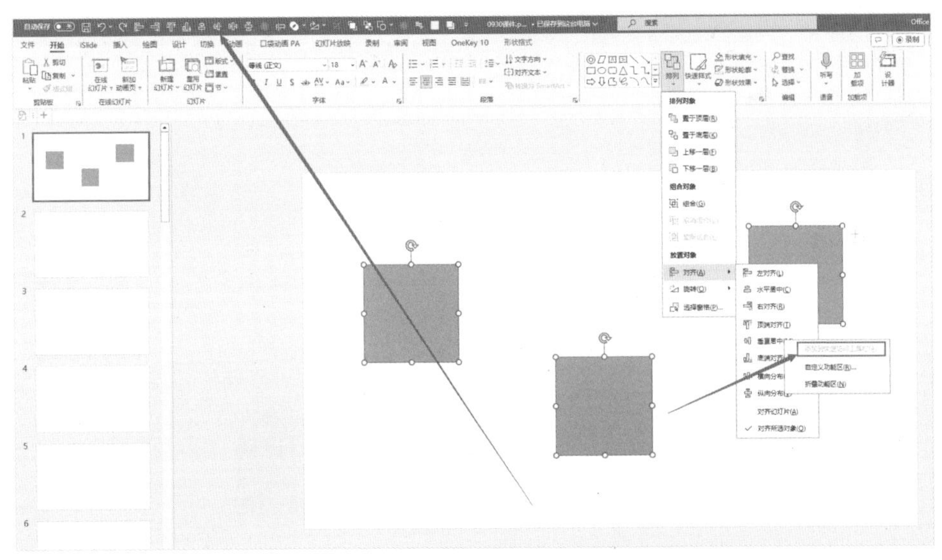

图 1-68

顶端的这一行就是快速访问工具栏。我们可以点击快速访问工具栏右边的小三角下拉菜单，如图 1-69 所示，让它在功能区下方显示，离操作界面更近，能再一步加快做 PPT 的速度，如图 1-70 所示。

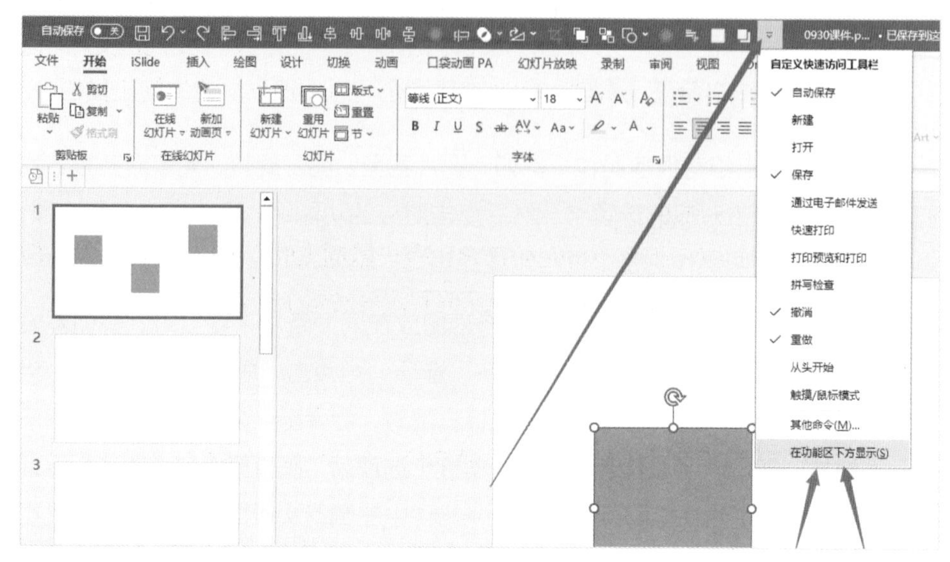


图 1-69

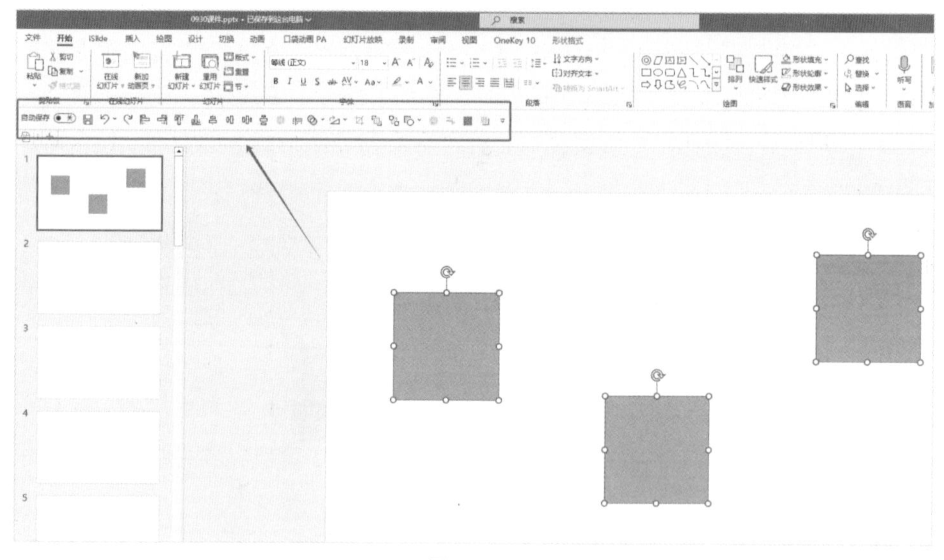

图 1-70

有的人会问：“在快速访问工具栏中一般放哪些功能呀？”这主要根据你做 PPT 的习惯而定。我列举一下我放的功能给你参考：

八大对齐、16：9 的裁剪、置于顶层、置于底层、动画窗格、旋转功能组、布尔运算功能组（可以单独把某个功能添加到快速访问工具栏，也可以把整个功能组添加到快速访问工具栏），以及一键插入全屏矩形、原位复制、拆合文本（这 3 个是插件的功能，后面会讲到，插件的功能也可以添加到快速访问工具栏）。

## 1.4.2　PPT 插件

市面上的 PPT 插件有很多，Office 官方也有一款叫 OfficePLUS 的插件，但是这里只推荐常用的能够极大地提升做 PPT 效率的两个插件。

### 1. iSlide

这个插件是一个兼具素材库和很多功能的插件。

#### 1）素材库

这个插件有七大素材库。案例库：包含优秀的 PPT 案例；主题库：你可以将其理解为 PPT 封面，效果出众；图示库：你可以将其理解为单页的 PPT 模板，可以通过你的内容数量和风格快速筛选到合适的模板；图表库：包含更专业的 PPT 条形图、柱状图、饼图等；图片库：包含免费商用的图片，支持搜索及筛选。图标库：包含 20 万个矢量图标，分类齐全且支持搜索；插图库：包含可编辑的矢量插图。

上述素材部分免费，你可以按需选择。对于 PPT 新手来说，有这样一个插件，将会节省很多查找素材的时间。

#### 2）功能

它的功能很多，比如一键统一字体、颜色及段落，快速裁剪图片，统一图片尺寸，快速进行矩阵布局、环形布局。如图 1-71 所示，这个时间表盘的刻度及年份就是使用了 iSlide 的环形布局功能做出来的。

我们先画好一条线，通过环形布局确定数量及距离圆心的位置（布局半径），再把“旋转方式”设置为“自动旋转”，即可快速得到环形效果，如图 1-72 所示。PPT 本身也可以实现这样的效果，但需要事先计划好每条线的位置及旋转角度，操作起来是比较麻烦的。如果用插件操作，15 秒内就能搞定。

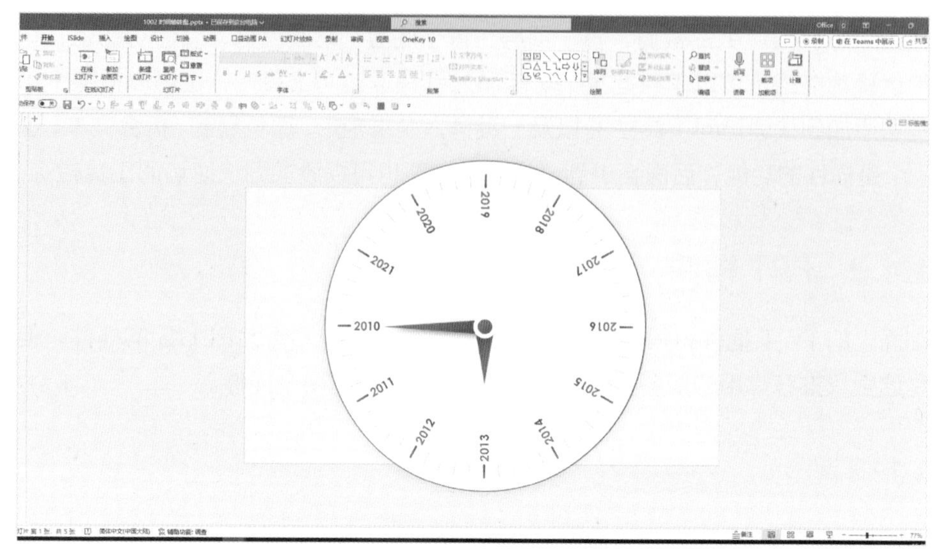


图 1-71

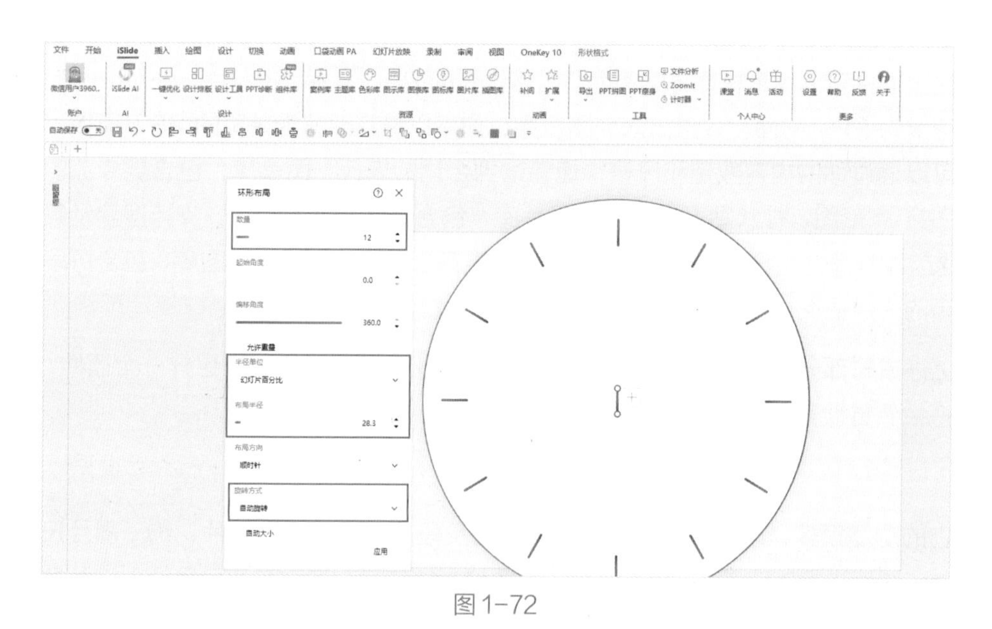


图 1-72

插件还有其他快捷功能，比如将每一页 PPT 都导出为单独的图片，或者把很多页 PPT 拼成一张长图，可以选择添加水印，或者设置横向数量，甚至可以指定幻灯片拼图，导出为长图后非常方便预览，如图 1-73 所示。

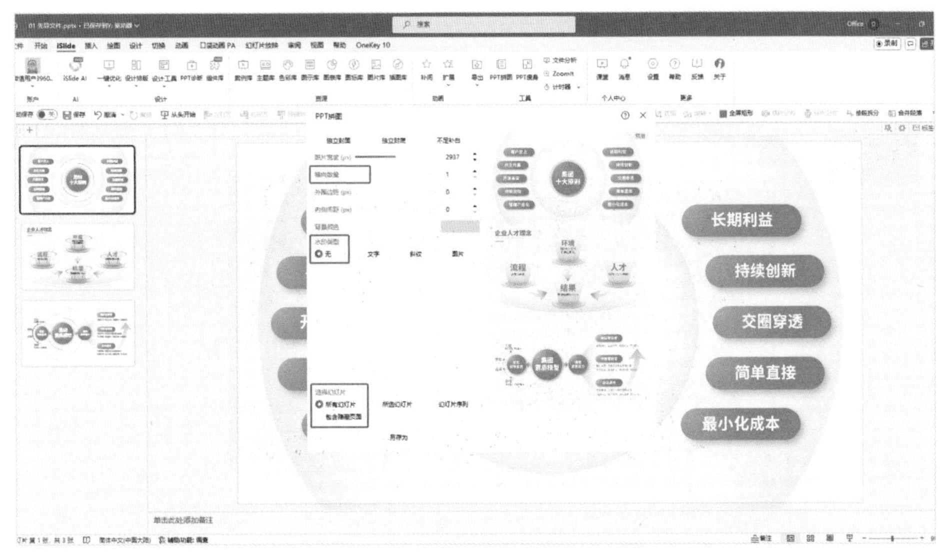


图 1-73

由于篇幅有限，就不一一介绍了。iSlide 还有很多非常实用的功能，你可以自行摸索。

## 2. OneKey

这个插件没有素材库，但功能非常多。

### 1）一键插入全屏矩形

OneKey（简称 OK）插件可以快速插入无线条的全屏矩形，在插入后设置颜色及透明度，即可快速完成蒙版的制作，如图 1-74 所示。可以点击鼠标右键把插件的这个功能添加到快速访问工具栏中。

### 2）原位复制

当进行环形排版时，如图 1-75 所示，我们需要将同一个元素复制多次，围绕圆心进行放大排列。我们复制出来的元素往往和原来的元素不在同一个位置上，就需要进行手动对齐。

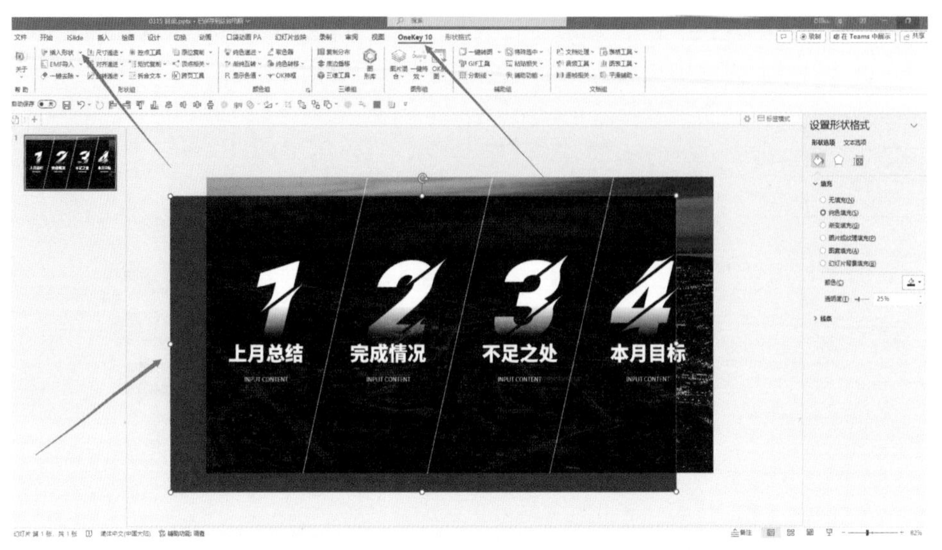


图 1-74

图 1-75

如果使用原位复制功能，那么复制出来的元素会在原来的元素上方，和原来的元素完全重叠，看起来像一个元素，节省了对齐的操作，如图 1-76 所示。

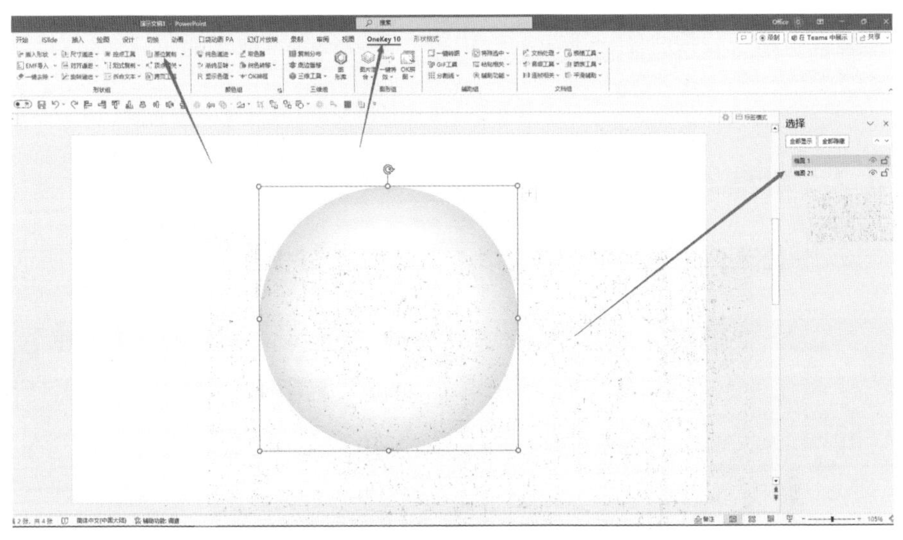


图 1-76

3）拆合文本

在排版时，我们往往需要将一个文本框里的内容拆分成多个文本框里的内容，只需提前将内容分好段落，再选择“拆合文本”功能里的“按段拆分”，如图 1-77 所示。

图 1-77

由于篇幅有限，我只介绍一下常用的功能，不再介绍其他功能了，你可以自行摸索。

## 1.4.3 快捷键

你应该对快捷键不陌生，这里不多介绍，直接附上一些快捷键，如图 1-78 所示。

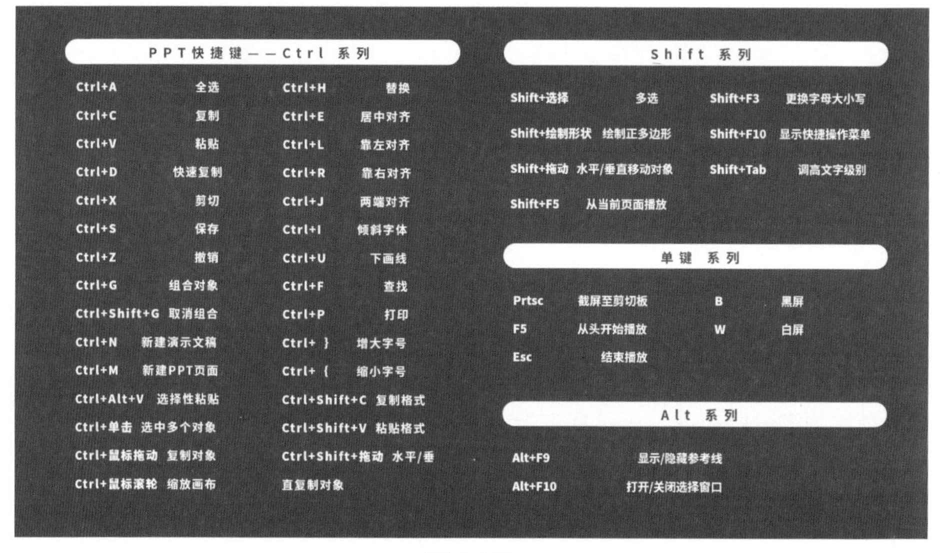


图 1-78

# 第 2 章

# 分析内容

从本章开始，我们正式介绍 PPT 排版公式。在之前的教学中，有很多学员问："老师，怎么做科技类 PPT？""怎么做党政类 PPT？""怎么做教学类 PPT？"

其实不管做什么类型的 PPT，第一步一定是分析内容。分析内容主要从以下 3 个方面着手：划分段落、突出重点和精简文案。

## 2.1 划分段落

划分段落可以使 PPT 的内容更具条理性，可以让观众更好地理解 PPT 的主旨和结构，如图 2-1 所示。

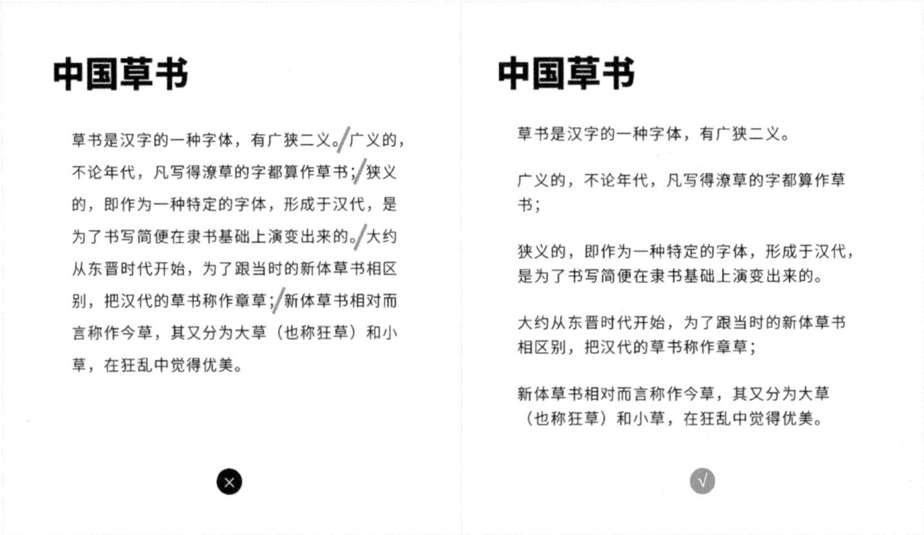

**中国草书**

草书是汉字的一种字体，有广狭二义。/广义的，不论年代，凡写得潦草的字都算作草书；/狭义的，即作为一种特定的字体，形成于汉代，是为了书写简便在隶书基础上演变出来的。/大约从东晋时代开始，为了跟当时的新体草书相区别，把汉代的草书称作章草；/新体草书相对而言称作今草，其又分为大草（也称狂草）和小草，在狂乱中觉得优美。

×

**中国草书**

草书是汉字的一种字体，有广狭二义。

广义的，不论年代，凡写得潦草的字都算作草书；

狭义的，即作为一种特定的字体，形成于汉代，是为了书写简便在隶书基础上演变出来的。

大约从东晋时代开始，为了跟当时的新体草书相区别，把汉代的草书称作章草；

新体草书相对而言称作今草，其又分为大草（也称狂草）和小草，在狂乱中觉得优美。

图 2-1

那么在处理 PPT 文案时，以什么为依据来划分段落呢？注意：PPT 文案的段落划分和我们上学时从课堂上学的段落划分略有不同，在 PPT 中往往一两句就构成一个段落。除此之外，其他段落划分技巧基本是通用的。

### 2.1.1 按长句划分

这是最简单的划分方法。我们以句号、分号、感叹号或问号等表示当前主题完结的符号为标记，将一个句子划分为一个段落，如图 2-2 所示。不过，这个划分方法针对的是比较权威或者官方的文案，我们自己撰写的工作报告类文件，可能对标点符号的使用没有那么严谨，因此用这个方法划分可能会有一些偏差。

**关于小米**

小米公司正式成立于2010年4月，是一家以智能手机、智能硬件和IoT平台为核心的消费电子及智能制造公司。/创立至今，小米已成为全球领先的智能手机品牌之一，智能手机全球出货量稳居全球前三，并已建立起全球领先的消费级AIoT（人工智能和物联网）平台。/截至2022年12月31日，集团业务已进入全球逾100个国家和地区。/小米的使命是，“不忘初心，坚持做难而正确的事”，让全球每个人都能享受科技带来的美好生活。

划分前

**关于小米**

小米公司正式成立于2010年4月，是一家以智能手机、智能硬件和IoT平台为核心的消费电子及智能制造公司。

创立至今，小米已成为全球领先的智能手机品牌之一，智能手机全球出货量稳居全球前三，并已建立起全球领先的消费级AIoT（人工智能和物联网）平台。

截至2022年12月31日，集团业务已进入全球逾100个国家和地区。

小米的使命是，“不忘初心，坚持做难而正确的事”，让全球每个人都能享受科技带来的美好生活。

划分后

图 2-2

## 2.1.2　按数据划分

当 PPT 中有数据出现时，我们就要注意这个数据是不是比较重要的。如果这个数据比较重要，那么我们可以将数据所在的句子单独划分为一段。企业的创立时间、员工数量、业务范围及客户数量都是企业简介中比较重要的数据，所以我们可以把它们都拆成单独的段落，如图 2-3 所示。

**华为是谁**

华为创立于1987年，/是全球领先的ICT（信息与通信）基础设施和智能终端提供商。/我们的20.7万个员工/遍及170多个国家和地区，/为全球30多亿人口提供服务。/我们致力于把数字世界带入每个人、每个家庭、每个组织，构建万物互联的智能世界。

划分前

**华为是谁**

华为创立于1987年

是全球领先的ICT（信息与通信）基础设施和智能终端提供商

我们的20.7个万员工

遍及170多个国家和地区

为全球30多亿人口提供服务

我们致力于把数字世界带入每个人、每个家庭、每个组织，构建万物互联的智能世界。

划分后

图 2-3

## 2.1.3 按逻辑关系划分

### 1. 总分关系

文案先对一个项目进行总的概述，随后对项目中的子项目依次进行详细阐述，即前面总述，后面分述。我们称这样的逻辑关系为总分关系。在分段时，将总述划分为一个段落，将分述划分为不同的段落即可，如图 2-4 所示。

图 2-4

### 2. 时间关系

时间关系常见于企业发展历程，或者活动流程。根据时间划分段落，一个时间节点即一个段落，如图 2-5 所示。

### 3. 并列关系

并列关系是指对同一个事物从不同维度进行阐述所形成的逻辑关系。例如，排版四大原则是指亲密、对比、对齐、重复。这四大原则彼此之间的关系就是并列关系。

我们可以把有并列关系的每个部分的内容单独划分成段落，如图 2-6 所示。

**发展历程**

华润的前身是于1938年在香港成立的“联和行”。/1948年联和进出口公司改组更名为华润公司。/1952年隶属关系由中共中央办公厅转为中央贸易部（现为商务部）。/1983年改组成立华润（集团）有限公司。/1999年12月，与外经贸部脱钩，列为中央管理。/2003年归属国务院国资委直接监管，被列为国有重点骨干企业。

划分前

**发展历程**

华润的前身是于1938年在香港成立的“联和行”。

1948年联和进出口公司改组更名为华润公司。

1952年隶属关系由中共中央办公厅转为中央贸易部（现为商务部）。

1983年改组成立华润（集团）有限公司。

1999年12月，与外经贸部脱钩，列为中央管理。

2003年归属国务院国资委直接监管，被列为国有重点骨干企业。

划分后

图 2-5

**风险评估**

技术风险：鲁棒性不足、可解释性低、算法偏见。/经济风险：寡头垄断、颠覆性变革、传统岗位替代、世界分工重组。/社会风险：数字鸿沟、侵犯个人隐私、诱发犯罪、冲击教育体系。/政治风险：政治决策、舆论引导、监管失能、国际关系动荡

划分前

**风险评估**

技术风险：鲁棒性不足、可解释性低、算法偏见

经济风险：寡头垄断、颠覆性变革、传统岗位替代、世界分工重组

社会风险：数字鸿沟、侵犯个人隐私、诱发犯罪、冲击教育体系

政治风险：政治决策、舆论引导、监管失能、国际关系动荡

划分后

图 2-6

### 4. 其他关系

逻辑关系还有很多，例如因果关系、转折关系、条件关系、对比关系、层级关系等。这里只举几个常见的例子，后续在对应的案例中再展开介绍。

### 2.1.4 按关键词划分

这种方法主要用于文案中内容重点较多的情况，例如图 2-7 中的“成立于”“最早”“愿景”“全球化”等字眼，都是能够体现一个企业实力的信息，就像前文中提到的“按数据划分”一样。有些字眼虽然不是数据，但是同样非常重要。所以，我们可以以关键词为依据，把每个关键词所在的句子都独立划分出来，如图 2-7 所示。

企业简介

北京字节跳动科技有限公司，成立于2012年3月，是最早将人工智能应用于移动互联网场景的科技企业之一，是中国北京的一家信息科技公司。公司以建设“全球创作与交流平台”为愿景 。字节跳动的全球化布局始于2015年 ，“技术出海”是字节跳动全球化发展的核心战略。其旗下产品有今日头条、西瓜视频、抖音、头条百科、皮皮虾、懂车帝、悟空问答等。

划分前

企业简介

北京字节跳动科技有限公司

成立于2012年3月

是最早将人工智能应用于移动互联网场景的科技企业之一

是中国北京的一家信息科技公司

公司以建设“全球创作与交流平台”为愿景

字节跳动的全球化布局始于2015年

“技术出海”是字节跳动全球化发展的核心战略

其旗下产品有今日头条、西瓜视频、抖音、头条百科、皮皮虾、懂车帝、悟空问答等。

划分后

图 2-7

## 2.2 突出重点

在前文中我们对文案进行了分段，但是你可以看到，当内容特别多时，分段并不能使观众的阅读效率提高多少。这时，我们就需要突出重点，让观众先看到我们想让他看到的东西。突出重点其实就是提取重点。在 PPT 中，可以被提取出来的重点有两类，一类是小标题，另一类是关键数据。

## 2.2.1 提取小标题

提取小标题又分为两种情况，一种是我们可以直接在文案中找到关键词作为小标题，另一种是文案中没有合适的词语，此时就需要概括提炼。

### 1. 直接用关键词充当小标题

有的时候，我们可以在文案中找到一个关键词。它是这个段落的核心思想，段落的阐述主要是围绕这个词展开的。我们就可以把这个词提取出来，放在段落的上方作为小标题，如图 2-8 所示。文中先介绍了崆峒宿集这个项目，又对子项目进行了分述，所以我们可以把项目名称提取出来作为小标题。

**项目背景**

**崆峒宿集**

崆峒宿集位于章贡区沙石镇峰山村，是由章贡区人民政府携手中国乡村发展基金会，在章贡区人民政府的大力支持下，共同打造的“百美村庄乡村振兴综合示范项目”。项目引进“行李旅宿”“大乐之野”两家高端民宿品牌，以及主打自然教育的“植物私塾”。

**行李旅宿**

行李旅宿致力于旅宿生活方式探索，是“旅游+住宿”模式的首倡企业，是旅宿文化体验的整合机构，行李旅宿·花明寂总建筑面积3560$m^2$，设计客房30间。

**大乐之野**

大乐之野是国内头部民宿品牌，于2013年创立，是莫干山地区最早的民宿品牌之一，大乐之野·向野而生总建筑面积2450$m^2$,设计客房23间。

**植物私塾**

植物私塾是中国自然教育领域的知名品牌，也是国内最早在民间开展自然教育的机构之一，总建筑面积2350$m^2$,设计客房27间。

图 2-8

像这样的案例有很多，例如前文的“中国草书”这个案例，如图 2-9 所示。

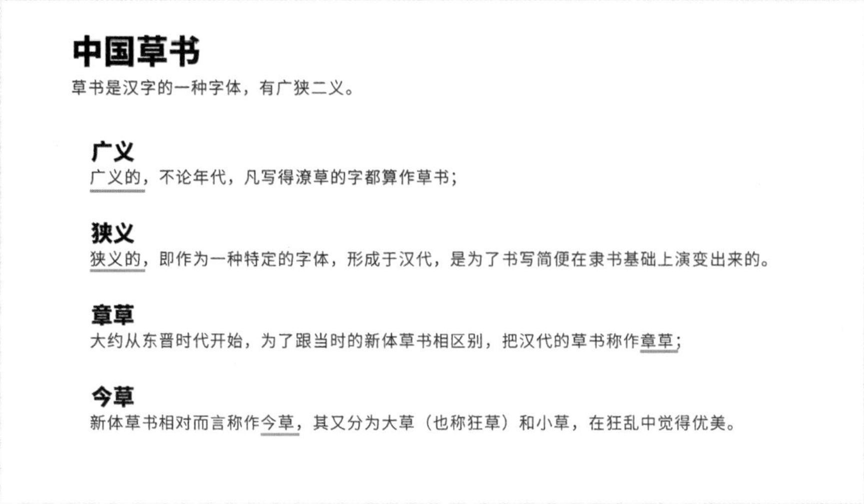

**中国草书**

草书是汉字的一种字体，有广狭二义。

**广义**

广义的，不论年代，凡写得潦草的字都算作草书；

**狭义**

狭义的，即作为一种特定的字体，形成于汉代，是为了书写简便在隶书基础上演变出来的。

**章草**

大约从东晋时代开始，为了跟当时的新体草书相区别，把汉代的草书称作章草；

**今草**

新体草书相对而言称作今草，其又分为大草（也称狂草）和小草，在狂乱中觉得优美。

图 2-9

## 2. 概括提炼小标题

依然以“中国草书”为例，文中提到了草书的定义和分类，但是并没有这样的字眼，这就需要我们概括提炼。观众一看到这样的标题，就知道这一页 PPT 是介绍草书的定义和分类的，极大地提高了阅读效率，如图 2-10 所示。

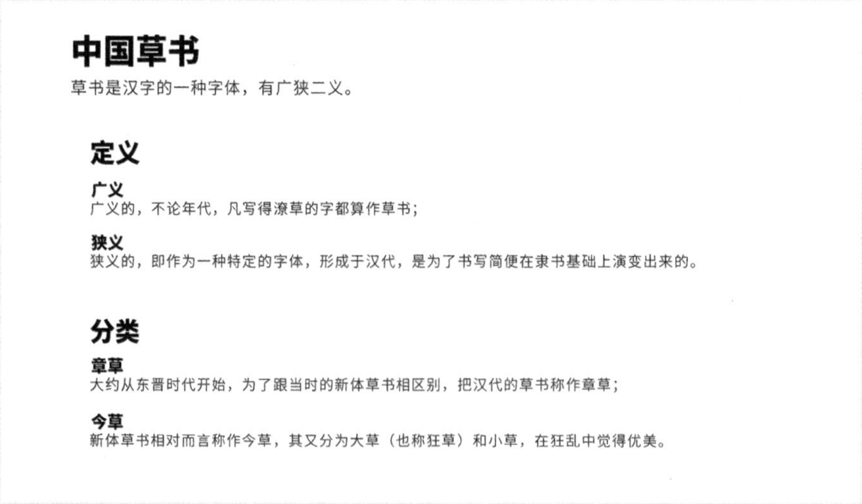

**中国草书**

草书是汉字的一种字体，有广狭二义。

**定义**

**广义**

广义的，不论年代，凡写得潦草的字都算作草书；

**狭义**

狭义的，即作为一种特定的字体，形成于汉代，是为了书写简便在隶书基础上演变出来的。

**分类**

**章草**

大约从东晋时代开始，为了跟当时的新体草书相区别，把汉代的草书称作章草；

**今草**

新体草书相对而言称作今草，其又分为大草（也称狂草）和小草，在狂乱中觉得优美。

图 2-10

图 2-11 所示的 PPT 也用到了这样的方法。通过小标题，我们可以快速地了解这段内容大致讲的是什么。

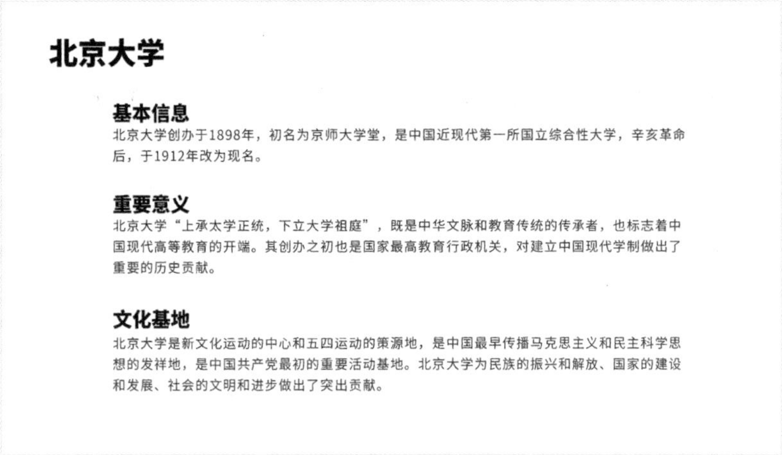

**北京大学**

**基本信息**

北京大学创办于1898年，初名为京师大学堂，是中国近现代第一所国立综合性大学，辛亥革命后，于1912年改为现名。

**重要意义**

北京大学“上承太学正统，下立大学祖庭”，既是中华文脉和教育传统的传承者，也标志着中国现代高等教育的开端。其创办之初也是国家最高教育行政机关，对建立中国现代学制做出了重要的历史贡献。

**文化基地**

北京大学是新文化运动的中心和五四运动的策源地，是中国最早传播马克思主义和民主科学思想的发祥地，是中国共产党最初的重要活动基地。北京大学为民族的振兴和解放、国家的建设和发展、社会的文明和进步做出了突出贡献。

图 2-11

## 2.2.2 提取关键数据

当 PPT 中出现数据时，它往往是我们想要突出的重点。因此，在大多数情况下，重点数据就可以提取出来前置，如图 2-12 和图 2-13 所示。

**华为是谁**

**1987年**

华为创立于1987年

是全球领先的ICT（信息与通信）基础设施和智能终端提供商

**20.7万**

我们的20.7万个员工

**170+**

遍及170多个国家和地区

**30亿+**

为全球30多亿人口提供服务

我们致力于把数字世界带入每个人、每个家庭、每个组织，构建万物互联的智能世界。

图 2-12

**研究与创新**

华为坚持基础研究不动摇，坚持开放创新不动摇，开放心胸，沿着客户的需求顺势而为，同时加强科学技术牵引客户需求，构建灵活的商业模式，使能百模千态，赋能千行万业，把数字世界带入每个人、每个家庭、每个组织，构建万物互联的智能世界。

**11100亿**
近十年累计投入的研发费用超过人民币11,100亿元

**55 %**
截至2023年12月31日，研发员工约11.4万名，占总员工数量的55%

**23.4 %**
2023年，研发费用支出为人民币1,647 亿元，占全年收入的23.4%

**14万**
截至2023年底，华为在全球共持有有效授权专利超过14万件

图 2-13

## 2.3 精简文案

做 PPT 为什么要精简文案呢？一是有时候文案太多，如果不精简，那么在一个页面上根本无法放置这么多的内容。二是为了让观众快速接收到重点信息。当一个页面上全都是文字时，你想快速找到某个信息是非常难的，如图 2-14 所示（试着找到“我”这个字。）

找 找 找 找 找 找 找 找 找 找 找 找 找
找 找 找 找 找 找 找 找 找 找 找 找 找
找 找 找 找 找 找 找 找 找 找 找 找 找
找 找 找 找 找 找 找 找 找 找 找 找 找
找 找 找 找 找 找 找 找 找 找 找 找 找
找 找 找 找 找 找 找 找 找 找 找 找 找
找 找 找 找 找 找 找 找 找 找 我 找 找
找 找 找 找 找 找 找 找 找 找 找 找 找

图 2-14

假如删掉一些内容呢？如图 2-15 所示。

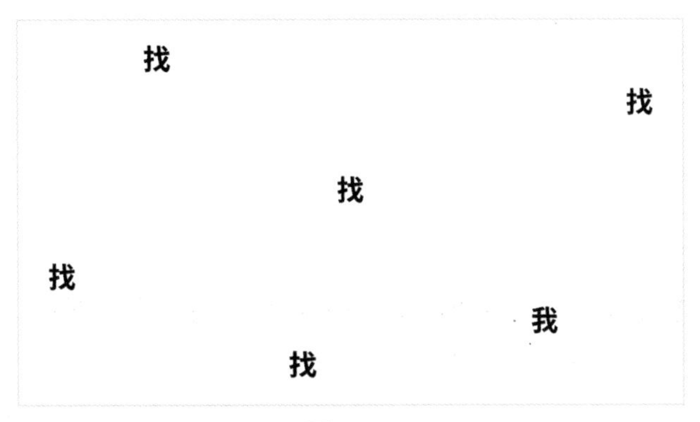


图 2-15

所以，要想提高阅读效率，除了划分段落和突出重点，精简文案也是重中之重。

## 2.3.1　重复和赘述可删

在 PPT 中，我们提取的小标题很可能是从文案中直接复制的。当文案中的内容和小标题重复或赘述时，如果删掉不影响文案的表达，此时就应该对文案进行删减，如图 2-16 所示。

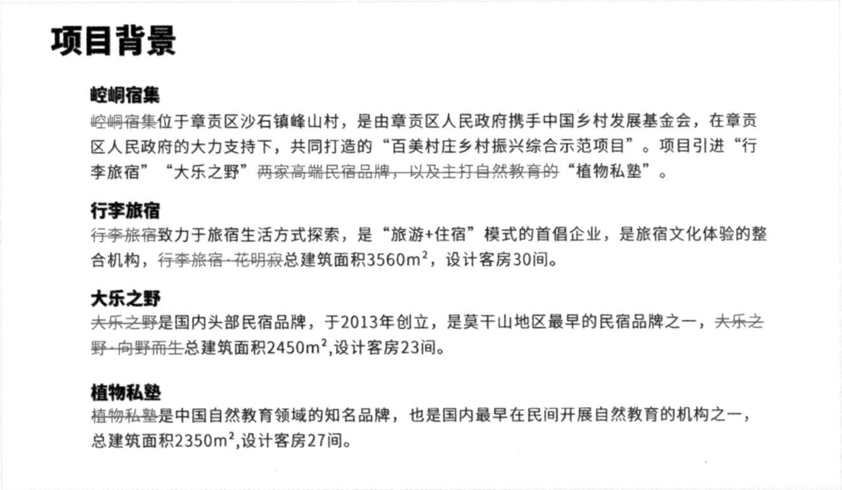

**项目背景**

**崆峒宿集**

~~崆峒宿集~~位于章贡区沙石镇峰山村，是由章贡区人民政府携手中国乡村发展基金会，在章贡区人民政府的大力支持下，共同打造的“百美村庄乡村振兴综合示范项目”。项目引进“行李旅宿”“大乐之野”~~两家高端民宿品牌，以及主打自然教育的~~“植物私塾”。

**行李旅宿**

~~行李旅宿~~致力于旅宿生活方式探索，是“旅游+住宿”模式的首倡企业，是旅宿文化体验的整合机构，~~行李旅宿·花明寂~~总建筑面积3560m²，设计客房30间。

**大乐之野**

~~大乐之野~~是国内头部民宿品牌，于2013年创立，是莫干山地区最早的民宿品牌之一，~~大乐之野·向野而生~~总建筑面积2450m²,设计客房23间。

**植物私塾**

~~植物私塾~~是中国自然教育领域的知名品牌，也是国内最早在民间开展自然教育的机构之一，总建筑面积2350m²,设计客房27间。

图 2-16

第一段的最后一句可以删减，因为后面的文案对这 3 个项目展开描述了。此时，我们提到这 3 个项目即可，不用再对项目进行概述，否则便重复了。

## 2.3.2 举例和引用可删

如果文案中出现大量引用他人的发言，或者直接引用一个案例，那么这类句子可删，如图 2-17 和图 2-18 所示。

**捷豹路虎胡波：市场部的新职责是变成编辑部**

对于优质内容和精良制作有着高要求的高端品牌而言，BGC（品牌生产内容）和市场部的媒体化是大势所趋。~~“市场部的新职责就是要变成编辑部，具有自己生产内容的能力，甚至有自己的导演、摄制组、影视中心和直播平台。以后硬广会越来越少，更好的内容才能够跟消费者建立品牌连接。”~~事实上，路虎早在今年 2 月疫情期间就开始布局自有直播云平台，通过抖音等平台向其引流。

但进入直播间的捷豹路虎，依旧坚持品牌高品质、故事化的深度内容，帮助品牌在整个直播渠道树立差异化形象，进一步强化高端定位，进而带动线下销售。~~“在我看来，卖货并不是直播的终点，更优方式是通过直播强化品牌印象、建立有温度的情感连接，更有价值和更可持续。整体来说，我们希望把路虎品牌的直播做成有文化深度的优质人文内容，好内容是所有直播体验的基础。”胡波称，~~路虎的直播相当于传统电视购物和新型直播的结合，是一种需要以内容取胜的直播。

图 2-17

**品牌如何做好内容型社交？**

传统媒体按照年龄、城市等因素筛选受众。然而选择内容型社交的沟通对象时，我们不能只依靠人口学特征，而是要同时从内容角度切入，侧重兴趣、价值、认知等心理层面，才能更高效精准地聚集起“内容粉丝”，这一点对于吸引年轻受众尤为重要。~~例如以下拼多多的案例：~~

~~在这条视频里，拼多多以整蛊神器+打工人请假为话题，以小型场景剧为表现形式，无论在内容的呈现上还是在切入角度上都选取了年轻人最喜爱的方式，潜移默化地传达了“拼多多上啥都有”的信息，并且吸引观众去拼多多上看一看，从而打造了内容营销的成功案例。~~

内容型社交为品牌提供的最有价值机会，就是品牌可以通过多角度的内容，呈现出立体而真实的形象，从根本上契合年轻群体追求真实的偏好。在制作内容时，品牌的社交形象完全可以表现出不同于品牌或产品固有形象的另一面。已经成为“最熟悉的陌生人”的大众品牌们，用这种方式就能有效唤起受众对品牌的热情和关注，甚至达到品牌焕新的目的。

~~如这个案例所示，新闻联播的观众们永远也不会在央视一台听到“我们真没时间陪你作”这样的说法，年轻人也永远不会在生活中用新闻范儿去说话。但在抖音上，品牌和受众之间的鸿沟消弭于无形，新闻联播变身为年轻人津津乐道的霸道总裁，替他们说出心里话。这一刻，就连新闻联播这样的“高大上”品牌，也成功地与年轻人站在了一起。~~

图 2-18

## 2.3.3 修饰和辅助可删

如果文案中有“是……的”“于”“已经”“所以”等辅助类字眼，那么在不改变句子意思的前提下，可以删除，如图 2-19 所示。

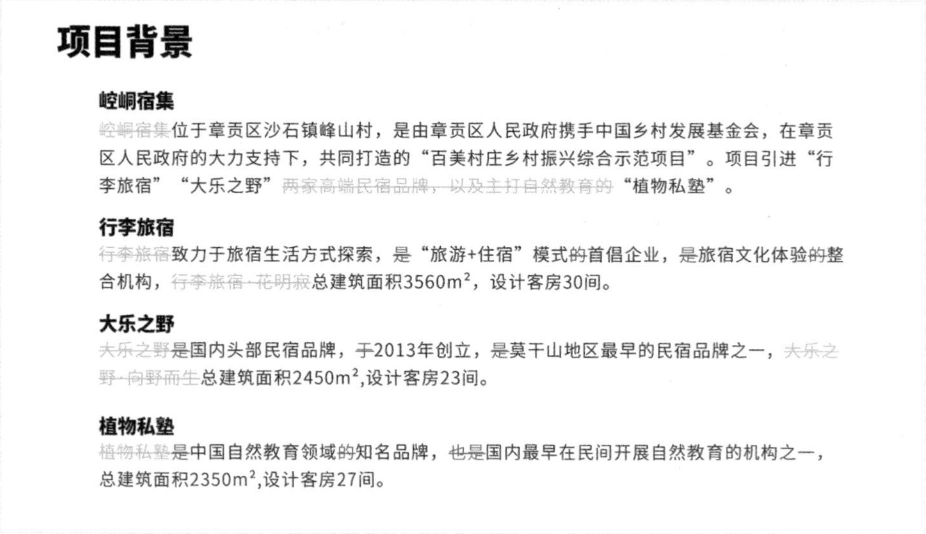

**项目背景**

**崆峒宿集**

~~崆峒宿集~~位于章贡区沙石镇峰山村，是由章贡区人民政府携手中国乡村发展基金会，在章贡区人民政府的大力支持下，共同打造的“百美村庄乡村振兴综合示范项目”。项目引进“行李旅宿”“大乐之野”~~两家高端民宿品牌，以及主打自然教育的~~“植物私塾”。

**行李旅宿**

~~行李旅宿~~致力于旅宿生活方式探索，~~是~~“旅游+住宿”模式~~的~~首倡企业，~~是~~旅宿文化体验~~的~~整合机构，~~行李旅宿·花明寂~~总建筑面积3560m²，设计客房30间。

**大乐之野**

~~大乐之野是~~国内头部民宿品牌，~~于~~2013年创立，~~是~~莫干山地区最早的民宿品牌之一，~~大乐之野·向野而生~~总建筑面积2450m²,设计客房23间。

**植物私塾**

~~植物私塾是~~中国自然教育领域~~的~~知名品牌，~~也是~~国内最早在民间开展自然教育的机构之一，总建筑面积2350m²,设计客房27间。

图 2-19

## 2.3.4 原因和铺垫可删

PPT 的全称是 PowerPoint，意思是有力的观点。在一般的 PPT 汇报中，我们放置重要的结论和数据即可，没有必要解释前因后果或者对即将阐述的内容进行铺垫。我们完全可以在演讲时口述原因类信息和铺垫类信息，如图 2-20 和图 2-21 所示。

图 2-21 所示为一个综合性的案例，我做了批注。“随着……”这类语句，通常在文案中起铺垫的作用，可以删掉。有的语句从字眼上来说没有重复，但从表达的意思上来说是重复的，比如“网红”包含了“具有一定粉丝基础”这层意思，所以将后者删掉了。

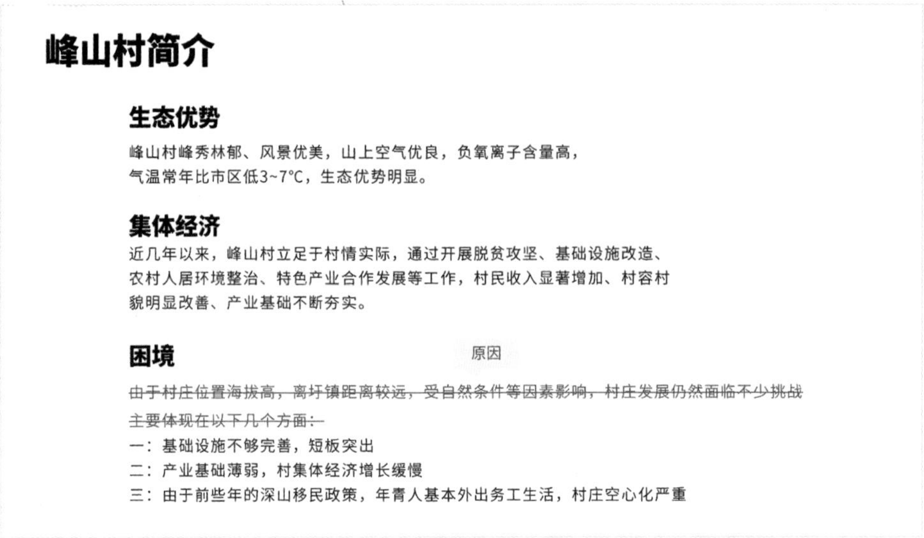

**峰山村简介**

**生态优势**

峰山村峰秀林郁、风景优美，山上空气优良，负氧离子含量高，
气温常年比市区低3~7°C，生态优势明显。

**集体经济**

近几年以来，峰山村立足于村情实际，通过开展脱贫攻坚、基础设施改造、
农村人居环境整治、特色产业合作发展等工作，村民收入显著增加、村容村
貌明显改善、产业基础不断夯实。

**困境**

原因

~~由于村庄位置海拔高，离圩镇距离较远，受自然条件等因素影响，村庄发展仍然面临不少挑战~~
~~主要体现在以下几个方面：~~
一：基础设施不够完善，短板突出
二：产业基础薄弱，村集体经济增长缓慢
三：由于前些年的深山移民政策，年青人基本外出务工生活，村庄空心化严重

图 2-20

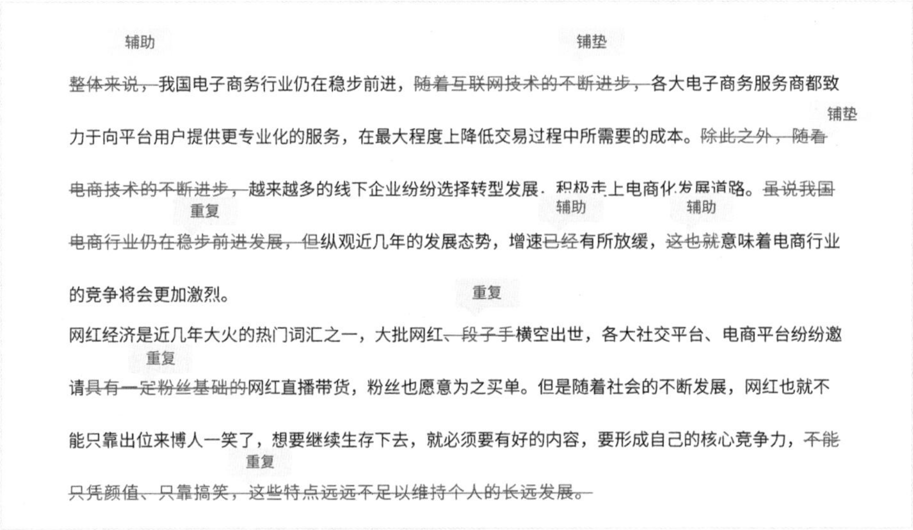

辅助　铺垫

~~整体来说，~~我国电子商务行业仍在稳步前进，~~随着互联网技术的不断进步，~~各大电子商务服务商都致力于向平台用户提供更专业化的服务，在最大程度上降低交易过程中所需要的成本。~~除此之外，随着电商技术的不断进步，~~越来越多的线下企业纷纷选择转型发展，积极走上电商化发展道路。~~虽说我国电商行业仍在稳步前进发展，但~~纵观近几年的发展态势，增速~~已经~~有所放缓，~~这也就~~意味着电商行业的竞争将会更加激烈。

铺垫　重复　辅助　辅助

网红经济是近几年大火的热门词汇之一，大批网红~~、段子手~~横空出世，各大社交平台、电商平台纷纷邀请~~具有一定粉丝基础的~~网红直播带货，粉丝也愿意为之买单。但是随着社会的不断发展，网红也就不能只靠出位来博人一笑了，想要继续生存下去，就必须要有好的内容，要形成自己的核心竞争力，~~不能只凭颜值、只靠搞笑，这些特点远远不足以维持个人的长远发展。~~

重复　重复　重复

图 2-21

## 2.3.5 非重点可删

有的句子不属于上述的任何一种情况，但是，它并不是文案的重点，有没有这个句子都不影响文案主旨的表达，这种句子也可以被删掉，如图 2-22 所示。

**北京大学**

~~北京大学~~创办于1898年，~~是戊戌变法的产物，也是中华民族救亡图存、兴学图强的结果，~~初名为京师大学堂，是中国近现代第一所国立综合性大学，辛亥革命后，于1912年改为现名。

~~在悠久的文明历程中，古代中国曾创立太学、国子学、国子监等国家最高学府，在中国和世界教育史上具有重要影响。~~北京大学~~“上承太学正统，下立大学祖庭”，~~既是中华文脉和教育传统的传承者，也标志着中国现代高等教育的开端。其创办之初也是国家最高教育行政机关，对建立中国现代学制做出重要的历史贡献。

作为新文化运动的中心和五四运动的策源地，作为中国最早传播马克思主义和民主科学思想的发祥地，作为中国共产党最初的重要活动基地。北京大学为民族的振兴和解放、国家的建设和发展、社会的文明和进步做出了突出贡献，在中国走向现代化的进程中起到了重要的先锋作用。~~爱国、进步、民主、科学的精神和勤奋、严谨、求实、创新的学风在这里生生不息、代代相传。~~

1917年，著名教育家蔡元培就任北京大学校长，~~他“循思想自由原则，取兼容并包主义”，~~对北京大学进行了卓有成效的改革，促进了思想解放和学术繁荣。陈独秀、李大钊、毛泽东以及鲁迅、胡适、李四光等一批杰出人士都曾在北京大学任教或任职。

图 2-22

在图 2-22 中，删掉的第一处与页面标题重复了。第一段主要介绍北京大学的基本信息，“……的产物，……的结果”与主题无关，删掉不会对这一段的主题造成任何影响。第二段的前几句话主要为铺垫性语句，可以删掉。第三段的最后一句并不是重点，删掉不影响主题。最后一段的“循思想……”也属于铺垫性语句，可以删掉。

## 2.3.6 调换语序

有的时候，我们把一些字眼删掉后，会导致阅读不通顺，此时只需调换语序即可，如图 2-23 所示。

调换语序后信息一目了然。

我们在精简文案时，往往会综合用到各种方法。这些方法不是百分百适用的，一切要以当时的场景为主。比如，最常见的是，领导不让对某部分内容精简，此时我们就没必要再做精简了。或者某个 PPT 的主题是名人名言赏析，那么势必会涉及引用一些句子，此时这类句子就是不能删的，哪怕前文说了引用类句子要删掉。

~~其中，~~以抖音为代表的应用让短视频营销便捷。~~通过~~TopView开屏、信息流~~的方式~~触达曝光，~~通过~~视频挂件、点赞彩蛋~~等~~创意驱动;~~通过开设~~挑战赛、音乐共创~~等进行~~营销;~~通过~~贴纸、互动红包~~等进行~~互动引导。

以抖音为代表的应用让短视频营销便捷

| 触达曝光 | 创意驱动 | 营销 | 互动引导 |
| --- | --- | --- | --- |
| TopView开屏、信息流 | 视频挂件、点赞彩蛋 | 挑战赛、音乐共创 | 贴纸、互动红包 |

图 2-23

要活学活用精简文案，不可生搬硬套。下面再举几个案例，如图 2-24 至图 2-26 所示。

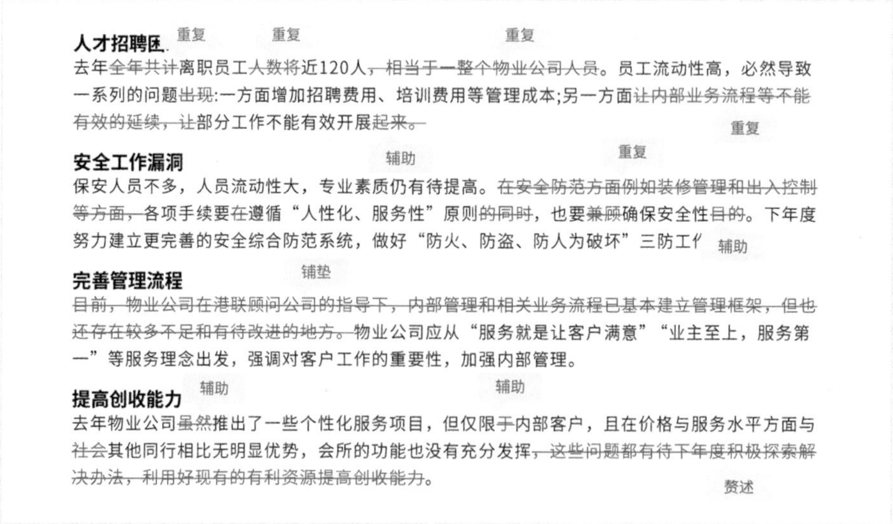

重复 重复 重复

**人才招聘�**

去年~~全年共计~~离职员工~~人数将~~近120人~~，相当于一整个物业公司人员~~。员工流动性高，必然导致一系列的问题~~出现~~:一方面增加招聘费用、培训费用等管理成本;另一方面~~让内部业务流程等不能有效的延续，让~~部分工作不能有效开展~~起来。~~

重复

辅助 重复

**安全工作漏洞**

保安人员不多，人员流动性大，专业素质仍有待提高。~~在安全防范方面例如装修管理和出入控制等方面，~~各项手续要~~在~~遵循“人性化、服务性”原则~~的同时~~，也要~~兼顾~~确保安全性~~目的~~。下年度努力建立更完善的安全综合防范系统，做好“防火、防盗、防人为破坏”三防工作

辅助

辅垫

**完善管理流程**

~~目前，物业公司在港联顾问公司的指导下，内部管理和相关业务流程已基本建立管理框架，但也还存在较多不足和有待改进的地方。~~物业公司应从“服务就是让客户满意”“业主至上，服务第一”等服务理念出发，强调对客户工作的重要性，加强内部管理。

辅助 辅助

**提高创收能力**

去年物业公司~~虽然~~推出了一些个性化服务项目，但仅限~~于~~内部客户，且在价格与服务水平方面与~~社会~~其他同行相比无明显优势，会所的功能也没有充分发挥~~，这些问题都有待下年度积极探索解决办法，利用好现有的有利资源提高创收能力~~。

赘述

图 2-24

## 我国5G基站数量

非重点

2019年，~~我国5G网络建设顺利推进，在多个城市实现5G网络在重点市区室外的连续覆盖，~~5G基站

铺垫

数超13万个。2020年，~~随着5G商用的进一步普及，我国5G基站数量逐年高增，~~5G基站数超71.8

辅助 非重点

万个。2021年~~我国5G基站已经开通~~143万个，~~5G网络已覆盖全部地级市城区、超过98%的县城城~~

~~区和80%的乡镇镇区，5G手机终端连接数达到5.18亿户。~~截至2022年8月31日，~~我国5G基站数已~~

辅助

~~增加到~~210.2万个。

辅助

根据工信部的预测，未来2～3年，我国5G基站将保持年均60万个以上~~的建设节奏~~。结合NI官网信

原因

息，~~由于5G在高带宽、低时延、多通道等技术层面的需求，~~其在生产环节中的测试需求将从4G时

赘述

代的74项提升至600余项~~，带来可观的市场空间~~。

图 2-25

## 尼康中国

重复 辅助 非重点

创建于1917年~~的尼康，在~~“信赖和创造”的企业理念~~引导下，积极开展~~以光学产品的开发和销售为主~~的各项事业，并~~

~~以此奠定了发展基础。多年来尼康不断努力以满足时代需求，积累用户们给予的信赖。~~在美洲、欧洲、亚洲等地设立

非重点

了50多家集团公司~~，拥有来自不同地方、有不同背景的各位员工，他们活跃于世界各国~~。

铺垫 辅助

~~尼康凭借良好的光学技术，在~~照相机和双筒望远镜~~领域外，还在大型化的~~显示器制造领域、医疗领域、制造业领域~~等~~

非重点

~~各个方面，为社会提供有价值的产品和有附加价值的解决方案。~~

铺垫

在照相机领域，~~我们的产品为太空研究也做出了自己的贡献。~~尼康~~的~~照相机作为记录用照相机首次进入太空在1971年，

辅助

被搭载在月球探测器阿波罗号飞船上。~~除此之外，尼康还~~参与了~~许多~~太空观测与人造卫星~~的~~项目。~~今后，我们将继续~~

非重点

~~为揭开宇宙的奥秘而贡献自己的力量。~~

非重点

~~从日常生活到人类挑战。今后，我们仍将继续放眼于社会需求，并~~辅助~~用可靠的技术力量来满足市场的需求。~~

尼康映像仪器销售（中国）有限公司于2005年4月在上海设立，~~我们在~~北京、成都、广州设立有分公司，~~在~~上海设立

了售后服务总部，在全国29个城市设立有30家特约维修店。 非重点

~~如今，中国作为尼康全球重要的市场之一，我们在不断发展的中国市场上，努力完善从市场运作到销售、服务的整套~~

~~经营体制。在“信赖和创造”的企业方针下，尼康将一如既往为积极推动中国的影像事业而不断努力，希望能为中国~~

~~市场带来更多有魅力的产品、提供更周到的服务。~~

图 2-26

上面是几个综合案例，你可以试着对如图 2-27 所示的案例进行精简。

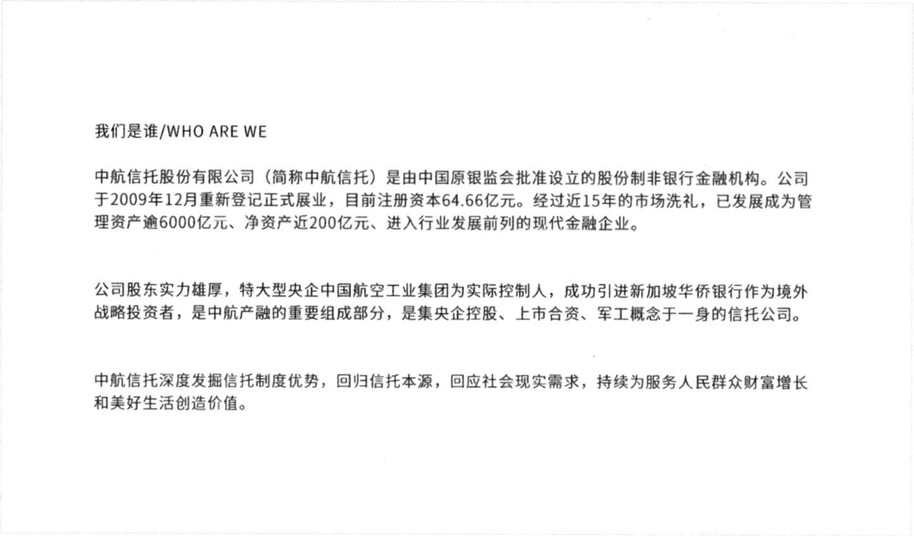

我们是谁/WHO ARE WE

中航信托股份有限公司（简称中航信托）是由中国原银监会批准设立的股份制非银行金融机构。公司于2009年12月重新登记正式展业，目前注册资本64.66亿元。经过近15年的市场洗礼，已发展成为管理资产逾6000亿元、净资产近200亿元、进入行业发展前列的现代金融企业。

公司股东实力雄厚，特大型央企中国航空工业集团为实际控制人，成功引进新加坡华侨银行作为境外战略投资者，是中航产融的重要组成部分，是集央企控股、上市合资、军工概念于一身的信托公司。

中航信托深度发掘信托制度优势，回归信托本源，回应社会现实需求，持续为服务人民群众财富增长和美好生活创造价值。

图 2-27

第 3 章

# 确 定 布 局

内容的布局向来是做 PPT 的一大难点，很多人会问：“页面内容全部是文字怎么排版？图片很多怎么排版？一句话一张图怎么排版？”这里的排版指的就是布局，说白了其实就是一个问题：内容在页面上应该如何放置？

这里用 5 个字来回答：合理地放置。合理包含了很多因素，关键的是两点：①不能太挤。当内容太多时，我们要对内容进行精简。②不能太空。我们要在页面上合理地规划内容，不能将内容全部堆在页面的某一个部分而导致页面的其他空间出现大面积空白。如果内容太少不够支撑页面，我们就要添加一些其他内容来构建页面的平衡。

合理地放置还包含很多其他因素：不能太乱（做好对齐）、不能没有重点（做好对比）、不能没有逻辑（做好元素分组）、不能没有统一性（做好元素重复利用）。这其实就是后面要介绍的版式的四大原则。

我们先来介绍一些常用的布局方式。

## 3.1 常用的布局方式

### 3.1.1 纵向布局

将内容从上到下依次放置，就是最简单的纵向布局。我们可以将每个部分的内容都看成一个整体、一个区块。纵向布局就是将内容区块从上到下放置，如图 3-1 至图 3-3 所示。

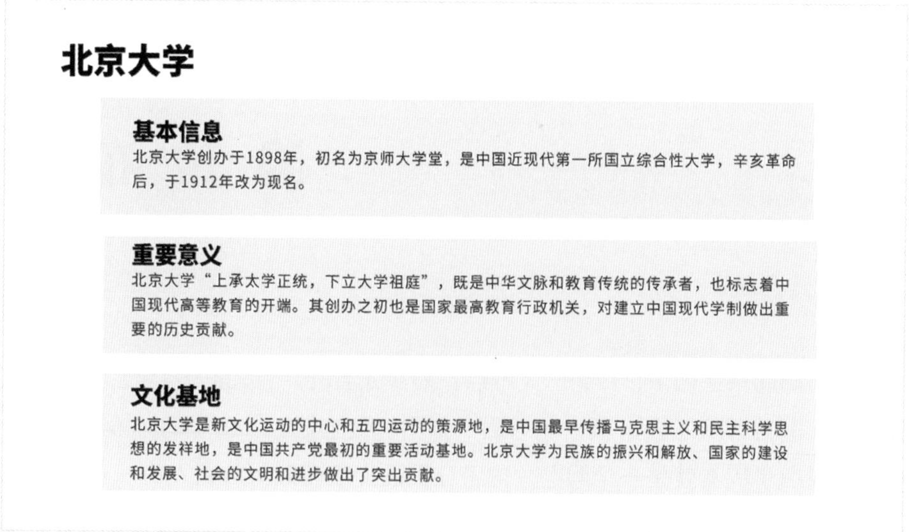

**北京大学**

**基本信息**

北京大学创办于1898年，初名为京师大学堂，是中国近现代第一所国立综合性大学，辛亥革命后，于1912年改为现名。

**重要意义**

北京大学“上承太学正统，下立大学祖庭”，既是中华文脉和教育传统的传承者，也标志着中国现代高等教育的开端。其创办之初也是国家最高教育行政机关，对建立中国现代学制做出重要的历史贡献。

**文化基地**

北京大学是新文化运动的中心和五四运动的策源地，是中国最早传播马克思主义和民主科学思想的发祥地，是中国共产党最初的重要活动基地。北京大学为民族的振兴和解放、国家的建设和发展、社会的文明和进步做出了突出贡献。

图 3-1

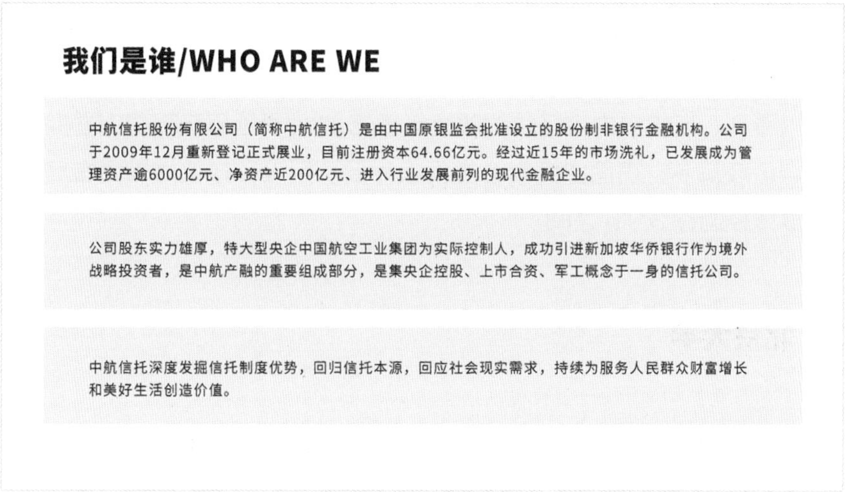

我们是谁/WHO ARE WE

中航信托股份有限公司（简称中航信托）是由中国原银监会批准设立的股份制非银行金融机构。公司于2009年12月重新登记正式展业，目前注册资本64.66亿元。经过近15年的市场洗礼，已发展成为管理资产逾6000亿元、净资产近200亿元、进入行业发展前列的现代金融企业。

公司股东实力雄厚，特大型央企中国航空工业集团为实际控制人，成功引进新加坡华侨银行作为境外战略投资者，是中航产融的重要组成部分，是集央企控股、上市合资、军工概念于一身的信托公司。

中航信托深度发掘信托制度优势，回归信托本源，回应社会现实需求，持续为服务人民群众财富增长和美好生活创造价值。

图 3-2

存在问题

人才招聘困难
去年离职员工近120人。员工流动性高，必然导致一系列的问题:一方面增加招聘费用、培训费用等管理成本;另一方面部分工作不能有效开展。

安全工作漏洞
保安人员不多，人员流动性大，专业素质仍有待提高。各项手续要遵循“人性化、服务性”原则，也要确保安全性。下年度努力建立更完善的安全综合防范系统，做好“防火、防盗、防人为破坏”三防工作。

完善管理流程
物业公司应从“服务就是让客户满意”“业主至上，服务第一”等服务理念出发，强调对客户工作的重要性，加强内部管理。

提高创收能力
去年物业公司推出了一些个性化服务项目，但仅限内部客户，且在价格与服务水平方面与其他同行相比无明显优势，会所的功能也没有充分发挥。

图 3-3

这种布局方式的优点是非常简单，人人都能学会，只要把内容区块按照顺序排列好就行。其缺点是缺乏新意，让人感觉在看 Word 文件。

## 3.1.2 横向布局

横向布局是非常经典的、使用频率非常高的一种布局方式。这种布局方式多见于排列并列关系的内容区块，3～5 段的并列内容区块都可以用横向布局，如图 3-4 至图 3-6 所示。

我们可以看到，当横向内容区块的数量等于 5 时，页面已经显得有些拥挤了，如果内容区块再多，页面空间就会变得很局促。所以，建议做横向布局时，内容区块数量控制在 3～5 之间。

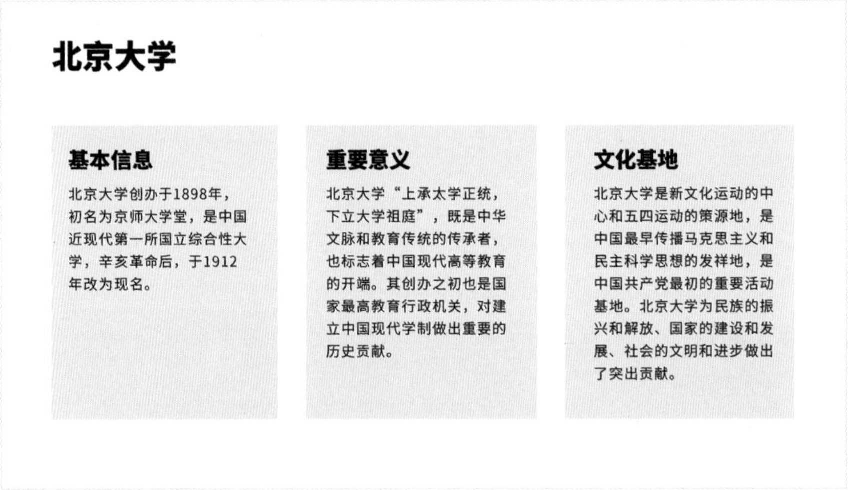

图 3-4

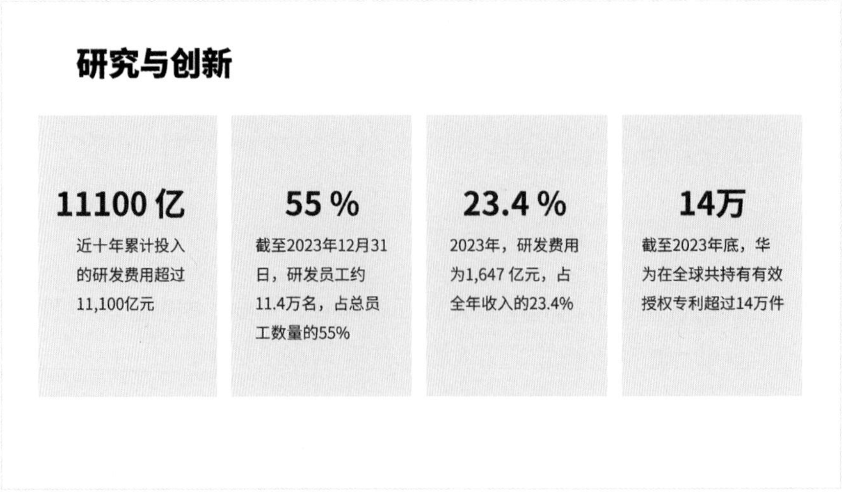

图 3-5

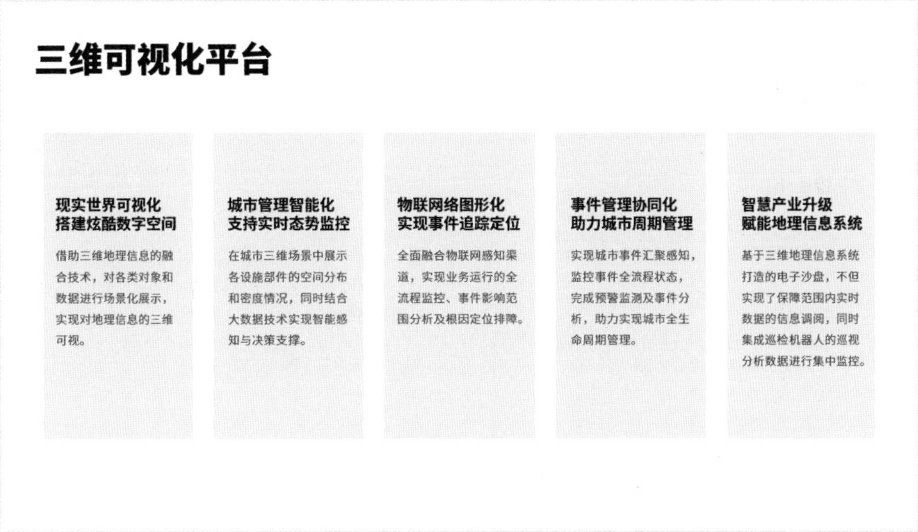

三维可视化平台

**现实世界可视化 搭建炫酷数字空间**
借助三维地理信息的融合技术，对各类对象和数据进行场景化展示，实现对地理信息的三维可视。

**城市管理智能化 支持实时态势监控**
在城市三维场景中展示各设施部件的空间分布和密度情况，同时结合大数据技术实现智能感知与决策支撑。

**物联网络图形化 实现事件追踪定位**
全面融合物联网感知渠道，实现业务运行的全流程监控、事件影响范围分析及根因定位排障。

**事件管理协同化 助力城市周期管理**
实现城市事件汇聚感知，监控事件全流程状态，完成预警监测及事件分析，助力实现城市全生命周期管理。

**智慧产业升级 赋能地理信息系统**
基于三维地理信息系统打造的电子沙盘，不但实现了保障范围内实时数据的信息调阅，同时集成巡检机器人的巡视分析数据进行集中监控。

图 3-6

## 3.1.3 矩阵布局

矩阵布局是指将内容区块按照矩阵的形式进行排列。这种布局方式可以应对内容区块数量比较多的情况，如图 3-7 至图 3-10 所示。

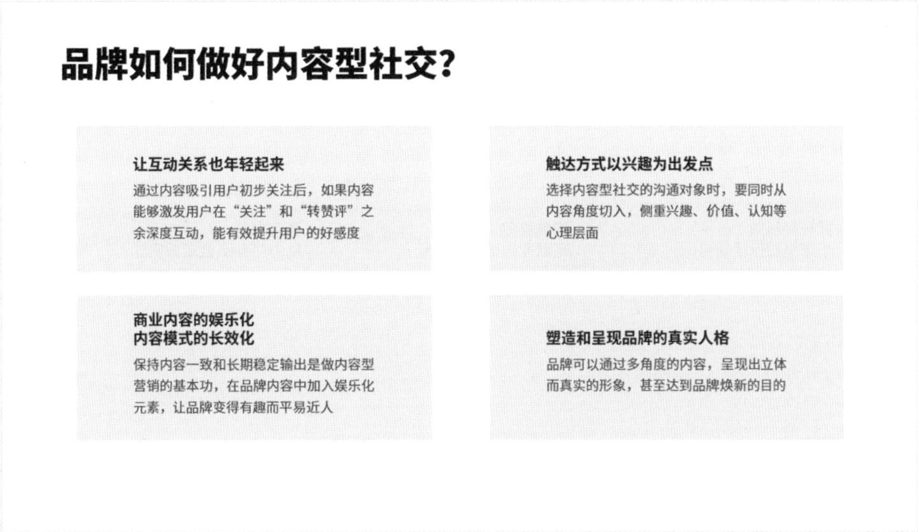

品牌如何做好内容型社交？

**让互动关系也年轻起来**
通过内容吸引用户初步关注后，如果内容能够激发用户在“关注”和“转赞评”之余深度互动，能有效提升用户的好感度

**触达方式以兴趣为出发点**
选择内容型社交的沟通对象时，要同时从内容角度切入，侧重兴趣、价值、认知等心理层面

**商业内容的娱乐化 内容模式的长效化**
保持内容一致和长期稳定输出是做内容型营销的基本功，在品牌内容中加入娱乐化元素，让品牌变得有趣而平易近人

**塑造和呈现品牌的真实人格**
品牌可以通过多角度的内容，呈现出立体而真实的形象，甚至达到品牌焕新的目的

图 3-7

六大发展趋势
绿色化
农业资源利用集约化、投入品减量化、废弃物资源化、产业模式生态化，构建人与自然和谐共生的农业发展新格局
品牌化
国家级农产品区域公用品牌、企业品牌、农产品品牌打造将日益受到重视
集聚化
土地集中流转，产业集中运营，农村二三产业将向县城、重点乡镇及产业园区集中和集聚发展
创新化
新技术应用升级和产业融合发展的持续深入，将催生出更多新产业、新业态和新模式
数字化
农业生产智能化、经营网络化、管理高效化、服务便捷化
一体化
“种养加”“贸工农”“产加销”“农科商文旅体”一体化趋势将更加明显

图 3-8

发展成效
产业融合
主体规模不断壮大
Industrial integration entities are growing in scale
乡村产业
融合载体蓬勃发展
The carrier of rural industry integration is booming
乡村产业
融合业态提档升级
Rural industrial integration and upgrading of business forms
紧密型利益
联结机制持续健全
The close knit mechanism for linking interests continued to improve
农民增收
与就业渠道日益多元
Farmers' income and employment channels are increasingly diversified
各方力量
助力产业融合成效明显
Various forces are contributing to industrial integration and achieving remarkable results

图 3-9

主要参与单位

| | | |
|---|---|---|
| 01 小鱼音乐 | 02 谷雨音乐 | 03 PICO音乐 |
| 04 悠优音乐 | 05 玛雅声乐 | 06 洪音声乐 |
| 07 朵朵音乐 | 08 故乡音乐 | 09 原野音乐 |

图 3-10

### 3.1.4 环绕型布局

环绕型布局是指内容区块围绕一个中心点进行布局。这种方式打破了常规方正的布局，版式更加灵活，且中心点的设计更能突显主题，如图 3-11 至图 3-14 所示。

因地制宜，制定科学规划
针对地方实际，制定区域农村一二三产融合发展规划、乡村振兴示范带规划、村庄规划送选本地特色产业和重点产业，明确适合当地的乡村产业融合发展模式
做强载体，拓展农业功能
做强中国美丽休闲乡村、休闲农业园区、农业产业融合发展示范园等产业融合载体;持续拓展农业生态涵养、休闲体验和文化传承等功能。发展农事体验、文化创意、户外拓展研学基地自驾、露营、健康养老等业态
创新驱动，构建长效机制
构建形式多样、公平合理的利益联结机制，如合作制、股份制等，使各融合主体形成一个利益共同体和命运共同体
对策建议
市场导向，加强渠道建设
洞察“80后”“90后”主流消费群体需求，进行数字化精准营销，线上和线下相结合，开展产销对接、农企对接、农超对接
龙头带动，培育多元主体
鼓励龙头企业发挥示范引领作用，做优农民合作社和家庭农场，调动广大小农户参与的积极性，发挥产业联盟、行业协会等社会组织的作用
要素保障，强化政策扶持
加大对土地、金融、人才、技术、农业保险等要素的政策保障和扶持力度


图 3-11

自助便捷
报账
单据智能
审核
电子文档
管理
财务智能系统
解决方案
签批流程
管理
自动核算
制证
经费支付
管控

图 3-12

品牌如何做好
内容型社交
选择对象
触达方式以兴趣为出发点
选择内容型社交的沟通对象时，要同时从内容角度切入，侧重兴趣、价值、认知等心理层面
保持联系
让互动关系也年轻起来
通过内容吸引用户初步关注后，如果内容能够激发用户在“关注”和“转赞评”之余深度互动，能有效提升用户的好感度
介绍自己
塑造和呈现品牌的真实人格
品牌可以通过多角度的内容，呈现出立体而真实的形象，甚至达到品牌焕新的目的
聊点什么
商业内容的娱乐化，内容模式的长效化
保持内容一致和长期稳定输出是做内容型营销的基本功，在品牌内容中加入娱乐化元素，让品牌变得有趣而平易近人

图 3-13

图 3-14

## 3.1.5　左右布局

左右布局也是一种极为常见的布局方式，将页面划分为左右两个部分，常见的形式有左文右图、左图右文，抑或对比内容和两段式内容，如图 3-15 至图 3-18 所示。

**关于小米**

成立于2010年4月，是一家以智能手机、智能硬件和IoT平台为核心的消费电子及智能制造公司。

创立至今，已成为全球领先的智能手机品牌之一，智能手机全球出货量稳居全球前三，并已建立起全球领先的消费级人工智能和物联网平台。

截至2022年12月31日，集团业务已进入全球逾100个国家和地区。

小米的使命是，始终坚持做“感动人心、价格厚道”的好产品，让全球每个人都能享受科技带来的美好生活。

图 3-15

Lorem ipsum dolor sit
Maecenas porttitor congue
Lorem ipsum dolor sit amet, consectetuer adipiscing elit. Fusce posuere, magna sed pulvinar ultricies, purus lectus malesuada libero, sit amet commodo magna eros quis urna.

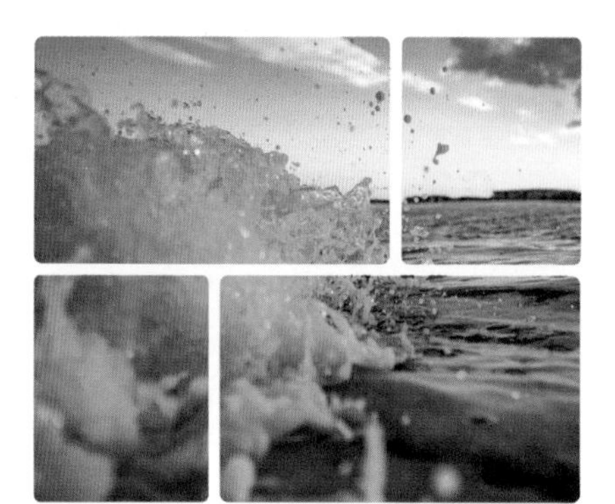

图 3-16

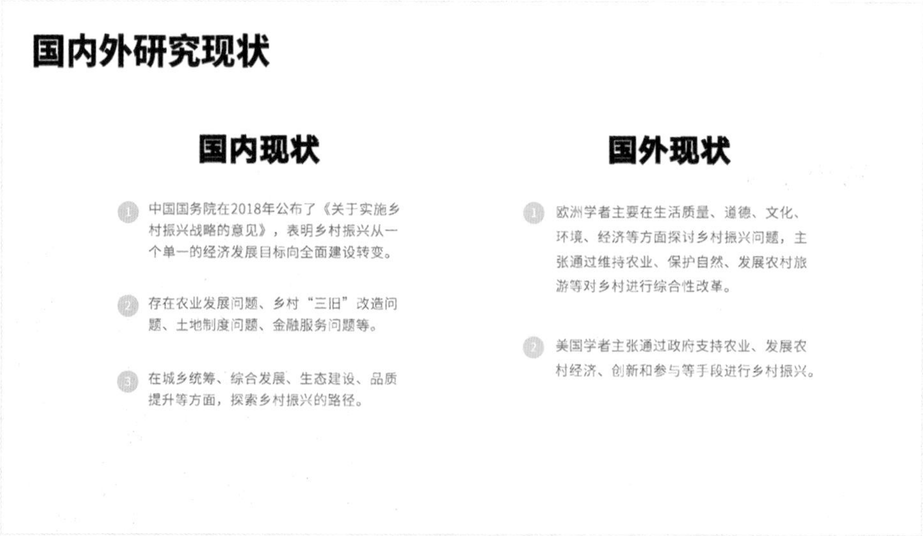

国内外研究现状
国内现状
1 中国国务院在2018年公布了《关于实施乡村振兴战略的意见》，表明乡村振兴从一个单一的经济发展目标向全面建设转变。
2 存在农业发展问题、乡村“三旧”改造问题、土地制度问题、金融服务问题等。
3 在城乡统筹、综合发展、生态建设、品质提升等方面，探索乡村振兴的路径。
国外现状
1 欧洲学者主要在生活质量、道德、文化、环境、经济等方面探讨乡村振兴问题，主张通过维持农业、保护自然、发展农村旅游等对乡村进行综合性改革。
2 美国学者主张通过政府支持农业、发展农村经济、创新和参与等手段进行乡村振兴。

图 3-17

**工作中的不足与改进**

**不足**

自身的专业业务水平不高，事故应急处理能力不强。在日常工作中偏重于日常生产工作，忽视了自身思想素质的提高。

工作上满足于正常化，缺乏开拓和主动精神，有时心浮气躁，急于求成，平稳有余，创新不足。

全局意识不够强。有时做事情、工作只从自身出发，对公司做出的一些重大决策理解不透。

**改进**

继续拓宽自己的理论知识面，遇到问题时多查阅文献，熟悉相关知识，从而提高自己解决实际问题的能力。

在思想工作方面，深化学习，努力提高自己的思想理论水平，并坚持理论联系实际，注重学以致用。

在实际工作中，要更加积极主动地向领导请教遇到的问题，并多与同事们进行沟通，学习他们处理实际问题的方法及工作经验。

图 3-18

## 3.1.6　上下布局

上下布局是指将页面划分为上下两个板块，多见于封面和目录页，常见的形式为上图下文或者上文下图等，如图 3-19 至图 3-21 所示。

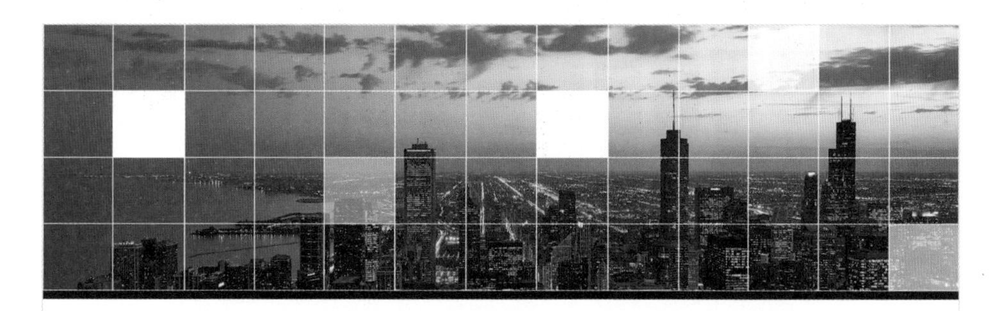

年终总结工作汇报
汇报人：陈师傅
时间：2023年12月30日


图 3-19

CONTENTS
PART ONE
第一部分
PART TWO
第二部分
PART THREE
第三部分
PART FOUR
第四部分

图 3-20

2024开年工作计划报告
REPORT ON THE WORK PLAN FOR THE BEGINNING OF 2024
2024.2.20

图 3-21

### 3.1.7　拦腰式布局

拦腰式布局和上下布局有点相似，只不过它将页面分成了 3 个区域，即顶部标题区域、中间区域和下方区域。其最明显的特征就是在页面中间添加一个横向图形，如图 3-22 和图 3-23 所示。

华为是谁
全球领先的信息与
通信基础设施和智能终端提供商
致力于把数字世界带入
每个人、每个家庭、每个组织，构建万物互联的智能世界
1987年
创立于
20.7万
员工数
170+
国家和地区数
30亿+
服务客户数

图 3-22

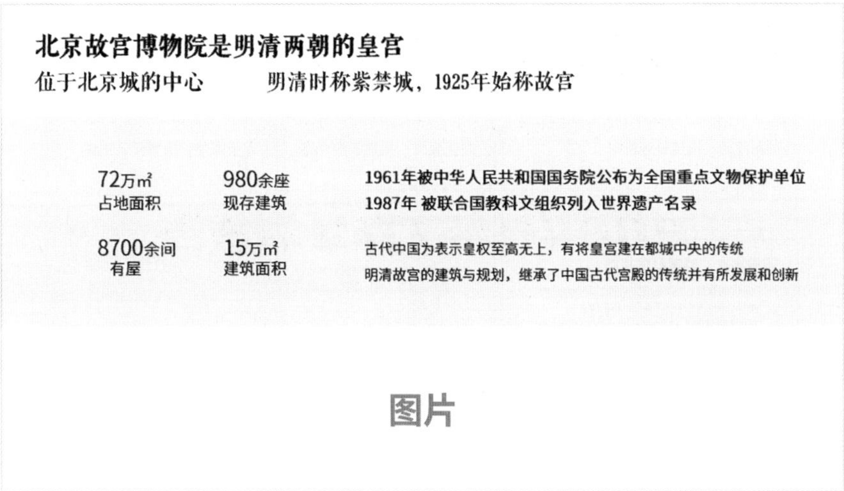

北京故宫博物院是明清两朝的皇宫
位于北京城的中心
明清时称紫禁城，1925年始称故宫

980余座

1961年被中华人民共和国国务院公布为全国重点文物保护单位
1987年 被联合国教科文组织列入世界遗产名录
古代中国为表示皇权至高无上，有将皇宫建在都城中央的传统
明清故宫的建筑与规划，继承了中国古代宫殿的传统并有所发展和创新

图 3-23

## 3.1.8 卡片式布局

卡片式布局，顾名思义，像卡片一样排列每一个内容区块。这种布局方式多用于多图排版和图片、文字混排，其优点是页面显得十分规整，如图 3-24 和图 3-25 所示。

图 3-24

六大对策建议
创新驱动，构建长效机制
• 构建形式多样、公平合理的利益联结机制，如合作制、股份制等
• 使各融合主体形成一个利益共同体和命运共同体
因地制宜，制定科学规划
• 针对地方实际，制定区域农村一二三产融合发展规划、乡村振兴示范带规划、村庄规划
• 遴选本地特色产业和重点产业，明确适合当地的乡村产业融合发展模式
做强载体，拓展农业功能
• 做强中国美丽休闲乡村、休闲农业园区、农业产业融合发展示范园等产业融合载体
• 持续拓展农业生态涵养、休闲体验和文化传承等功能
• 发展农事体验、文化创意、户外拓展研学基地、自驾露营、健康养老等业态
龙头带动，培育多元主体
• 鼓励龙头企业发挥示范引领作用，做优农民合作社和家庭农场
• 调动广大小农户参与的积极性，发挥产业联盟、行业协会等社会组织作用
市场导向，加强渠道建设
• 洞察“80后”“90后”主流消费群体需求
• 进行数字化精准营销
• 线上、线下相结合
• 开展产销对接、农企对接、农超对接

要素保障，强化政策扶持
• 加大对多项要素的政策保障和扶持力度
土地 金融 人才 技术 农业保险



图 3-25

### 3.1.9 居中布局

居中布局是指将内容置于页面中央的位置。居中布局多用于 PPT 的封面和结尾，或者内容较少的页面，比如只有一个关键词、一句话等。只要背景选择适当，甚至不需要多余的修饰，就可以做出一个非常高级的页面，如图 3-26 和图 3-27 所示。

图 3-26

图 3-27

### 3.1.10 整体与局部的布局思维

我们在写文章时，首先要确定一个文章主题，然后确定第一部分的大标题，在大标题下分出几个小标题，在小标题下可能又分出几个小点。做 PPT 布局也如此。

比如，在一个页面中要对一张图片和文字进行布局，将图片和文字上下布局，但是文字部分有几个段落，它们在文字所在的区域该怎么布局呢？如图 3-28 和图 3-29 所示，页面整体采用上下布局的方式，在文字所在的下方区域，文字既可以横向布局，也可以矩阵布局。

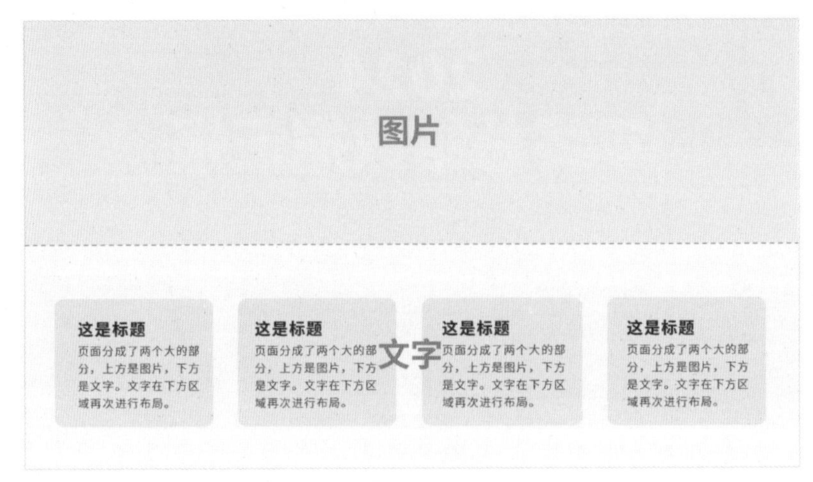


图 3-28

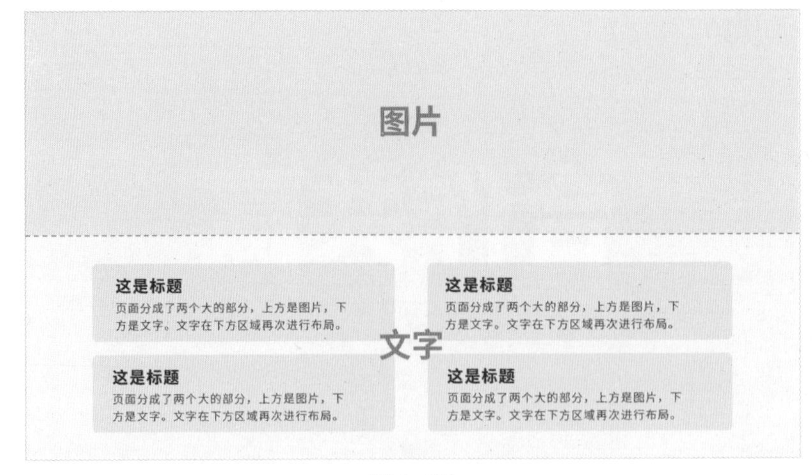


图 3-29

下面举一个实际的例子，有一张图片和 3 段文字，如图 3-30 所示。

打造数字平台
构建共享数字生态
依托端管云协同的ICT基础设施技术优势，加速构建共生、共创、共享的数字生态，助力各行各业数字化转型，全球已有700多个城市、267家世界500强企业选择华为作为数字化转型的伙伴，华为企业市场合作伙伴超过30,000家。
云服务聚合全球合作伙伴
作为全球增速最快的主流云服务厂商，华为云持续使能千行百业，已上线220多个云服务、210多个解决方案，聚合全球超过3万家合作伙伴，发展260万个开发者，云市场上架应用超过6,100个。
全流程一站式开天aPaaS
华为云发布开天aPaaS，以开发者为核心，提供全流程、一站式开放平台，聚合伙伴能力，实现经验即服务，使能行业场景化创新，加速行业数字化转型。

图 3-30

很多人第一眼看到的就是 4 个部分的内容，如图 3-31 所示。

这里正确的划分方式是，图片和文字属于两种差别非常大的内容。我们应该把图片归为一组，把文字归为一组，也就是有两组内容。我们要先把页面分成两块再考虑，如图 3-32 所示，而不是一上来就把页面分成 4 块。

打造数字平台
构建共享数字生态
依托端管云协同的ICT基础设施技术优势，加速构建共生、共创、共享的数字生态，助力各行各业数字化转型，全球已有700多个城市、267家世界500强企业选择华为作为数字化转型的伙伴，华为企业市场合作伙伴超过30,000家。
云服务聚合全球合作伙伴
作为全球增速最快的主流云服务厂商，华为云持续使能千行百业，已上线220多个云服务、210多个解决方案，聚合全球超过3万家合作伙伴，发展260万个开发者，云市场上架应用超过6,100个。
全流程一站式开天aPaaS
华为云发布开天aPaaS，以开发者为核心，提供全流程、一站式开放平台，聚合伙伴能力，实现经验即服务，使能行业场景化创新，加速行业数字化转型。

图 3-31

打造数字平台
构建共享数字生态
依托端管云协同的ICT基础设施技术优势，加速构建共生、共创、共享的数字生态，助力各行各业数字化转型，全球已有700多个城市、267家世界500强企业选择华为作为数字化转型的伙伴，华为企业市场合作伙伴超过30,000家。
云服务聚合全球合作伙伴
作为全球增速最快的主流云服务厂商，华为云持续使能千行百业，已上线220多个云服务、210多个解决方案，聚合全球超过3万家合作伙伴，发展260万个开发者，云市场上架应用超过6,100个。
全流程一站式开天aPaaS
华为云发布开天aPaaS，以开发者为核心，提供全流程、一站式开放平台，聚合伙伴能力，实现经验即服务，使能行业场景化创新，加速行业数字化转型。

图 3-32

在之前介绍的布局方式中，上下布局和左右布局是刚好把页面一分为二的。我们做左右布局，是因为这张图片是纵向的，如果做上下布局，图片就需要被裁剪为横向图片，那么图片会被裁剪掉很大一部分。在布局时，我们应尽量完整地保留内容（除非图片只是用来丰富页面的，如果图片是需要向观众展示的，就尽可能保留完整）。

如图 3-33 所示，做上下布局将会裁剪掉绝大部分图片。

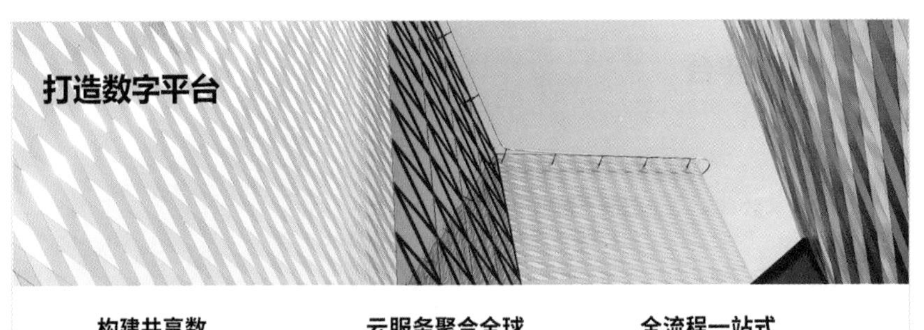
打造数字平台
构建共享数字生态
依托端管云协同的ICT基础设施技术优势，加速构建共生、共创、共享的数字生态，助力各行各业数字化转型，全球已有700多个城市、267家世界500强企业选择华为作为数字化转型的伙伴，华为企业市场合作伙伴超过30,000家。
云服务聚合全球合作伙伴
作为全球增速最快的主流云服务厂商，华为云持续使能千行百业，已上线220多个云服务、210多个解决方案，聚合全球超过3万家合作伙伴，发展260万个开发者，云市场上架应用超过6,100个。
全流程一站式开天aPaaS
华为云发布开天aPaaS，以开发者为核心，提供全流程、一站式开放平台，聚合伙伴能力，实现经验即服务，使能行业场景化创新，加速行业数字化转型。

图 3-33

如图 3-34 所示，做左右布局完整地保留了图片。

打造数字平台
构建共享数字生态
依托端管云协同的ICT基础设施技术优势，加速构建共生、共创、共享的数字生态，助力各行各业数字化转型，全球已有700多个城市、267家世界500强企业选择华为作为数字化转型的伙伴，华为企业市场合作伙伴超过30,000家。
云服务聚合全球合作伙伴
作为全球增速最快的主流云服务厂商，华为云持续使能千行百业，已上线220多个云服务、210多个解决方案，聚合全球超过3万家合作伙伴，发展260万个开发者，云市场上架应用超过6,100个。
全流程一站式开天aPaaS
华为云发布开天aPaaS，以开发者为核心，提供全流程、一站式开放平台，聚合伙伴能力，实现经验即服务，使能行业场景化创新，加速行业数字化转型。

图 3-34

在做左右布局后，我们可以明显地看到右侧的文字部分过于拥挤。在右侧空白区域内，我们需要把文字重新布局，此时做纵向布局，空间就刚好合适，如图 3-35 所示。

打造数字平台
构建共享数字生态
依托端管云协同的ICT基础设施技术优势，加速构建共生、共创、共享的数字生态，助力各行各业数字化转型，全球已有700多个城市、267家世界500强企业选择华为作为数字化转型的伙伴，华为企业市场合作伙伴超过30,000家。
云服务聚合全球合作伙伴
作为全球增速最快的主流云服务厂商，华为云持续使能千行百业， 已上线220多个云服务、210多个解决方案，聚合全球超过3万家合作伙伴，发展260万个开发者，云市场上架应用超过6,100个。
全流程一站式开天aPaaS
华为云发布开天aPaaS，以开发者为核心，提供全流程、一站式开放平台，聚合伙伴能力，实现经验即服务，使能行业场景化创新，加速行业数字化转型。

图 3-35

所以，在布局时一定要从大方向着手，先把有明显区别的内容分组，再将其细分到小的区域。

为了便于理解，我再举一些类似的案例。在这些案例中，先把内容划分为大的区域，如果内容在各自的区域里排列得不合适，就再进行布局，如图 3-36 至图 3-38 所示。

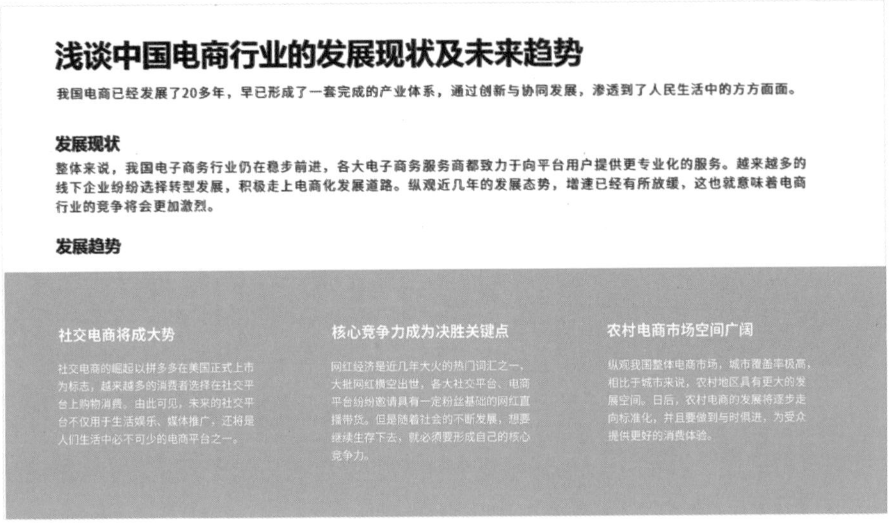

图 3-36

图 3-37

图 3-38

## 3.2 版式四大原则

版式四大原则指的是对齐、对比、亲密和重复。下面详细阐述这四大原则的意义及在 PPT 中的应用。

### 3.2.1 对齐

对齐，从字面意思上来看，就是指将元素在页面上进行对齐。

#### 1. 对齐的表现形式

在 PPT 中常用的对齐方式有 6 种：左对齐（见图 3-39）、右对齐（见图 3-40）、居中对齐（见图 3-41）、顶部对齐（见图 3-42）、底部对齐（见图 3-43）及沿线对齐（见图 3-44）。

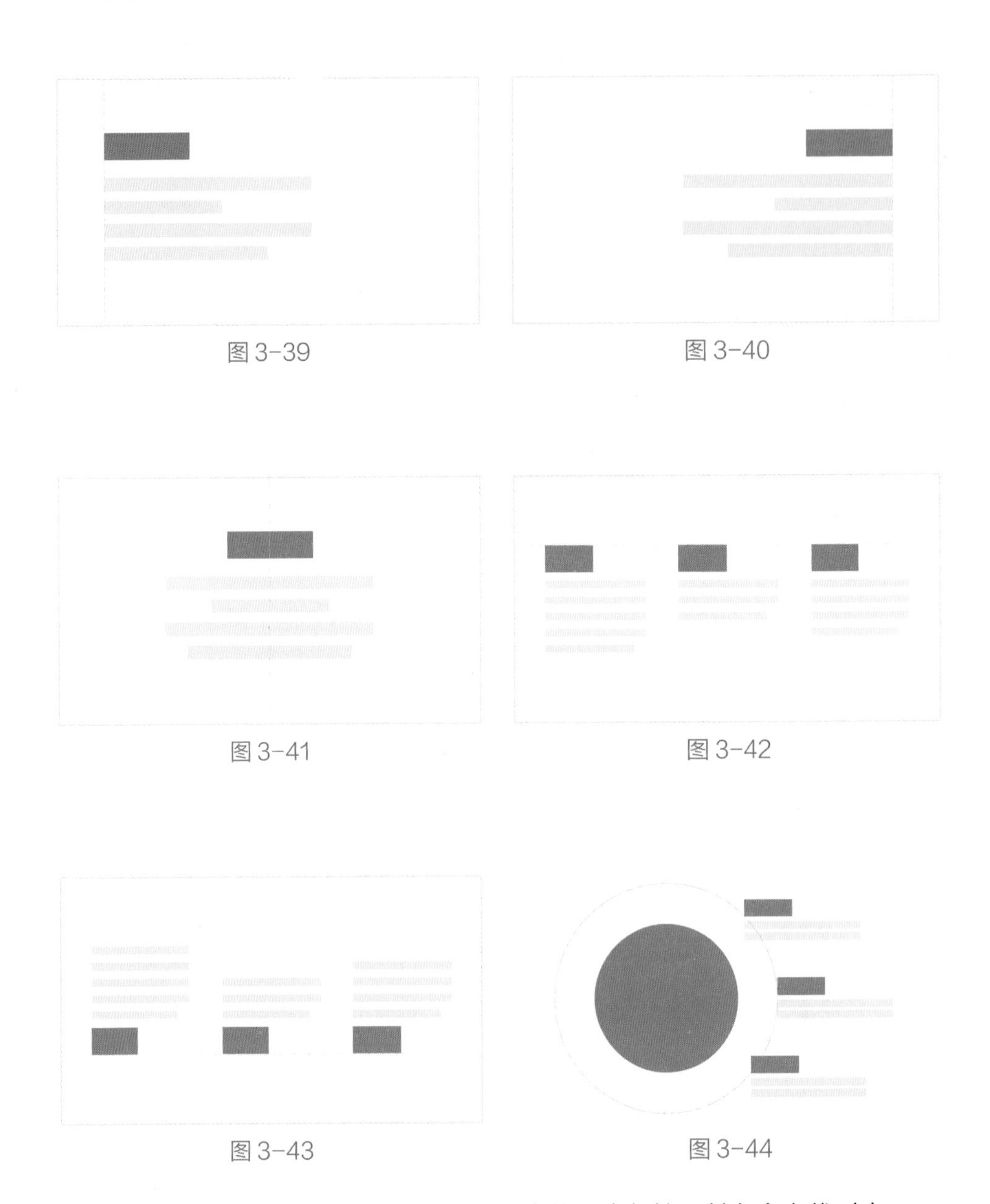

图 3-39　图 3-40

图 3-41　图 3-42

图 3-43　图 3-44

从图 3-39 至图 3-44 中能看到，所有对齐的元素都按照某条参考线对齐。

我们在做文字对齐时，通常只要文本框对齐，里面的文字就能进行相应的对齐，这是在左对齐的情况下。假如我们要给文字设置右对齐呢？

如果我们仅仅对文本框进行右对齐，效果就会如图 3-45 所示，文本框对齐了，但里面的文字还是杂乱的。

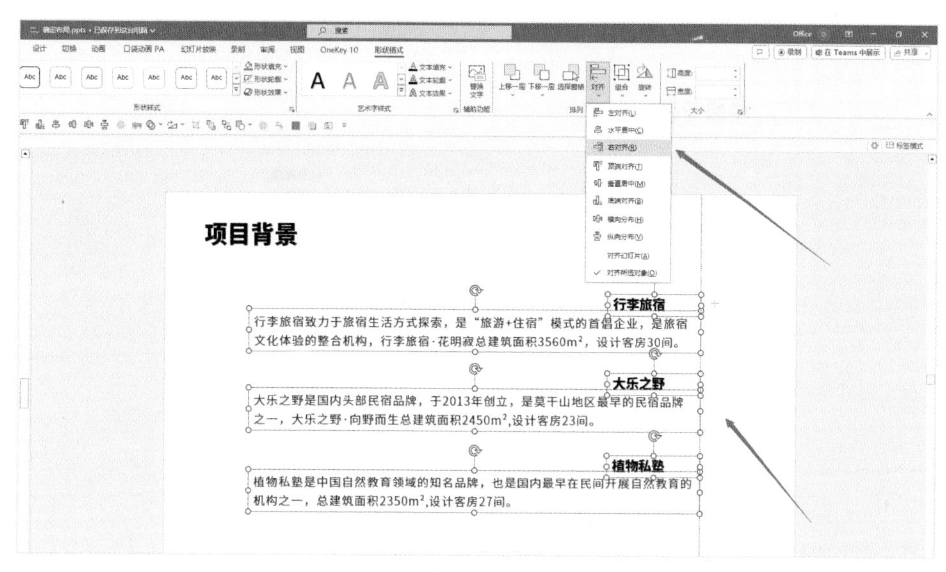


图 3-45

一定要注意，在设置文字对齐时，除了排列里的对齐，文字自身的对齐也要做到位，如图 3-46 所示。

还有一些其他情况（比如，首行缩进或者句首空了两个字符）也容易导致文本框对齐时文字没有对齐。你可以清除相应的格式，实现文字对齐。使用“Alt+F9”组合键可以快速调出参考线，利用参考线可以更好地实现对齐。

## 2. 对齐的作用

对齐可以使复杂的内容变得更直观、更明确、更整齐、更具秩序感。

在生活中随处可见对齐的案例，例如地里种植的庄稼（见图 3-47）、墙上挂着的海报（见图 3-48）、餐厅里排列整齐的桌椅（见图 3-49）。

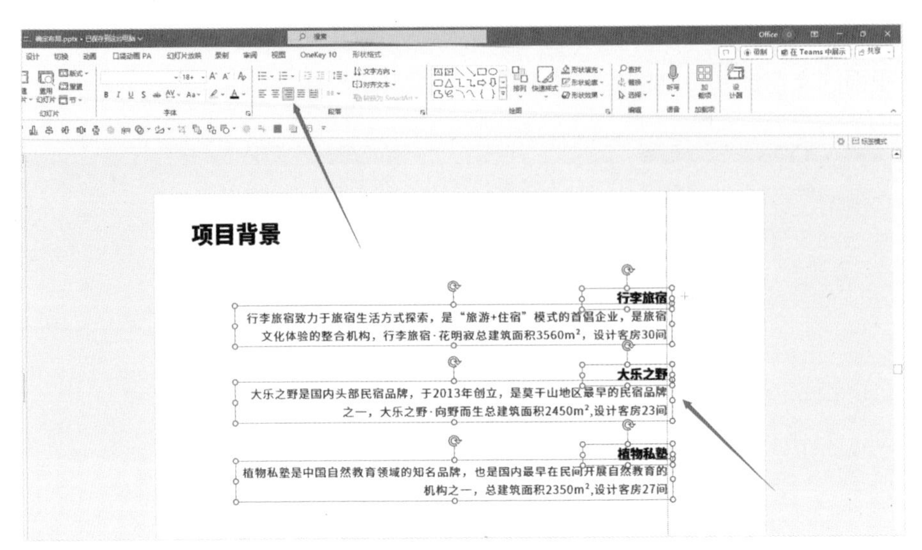
项目背景
行李旅宿
行李旅宿致力于旅宿生活方式探索，是“旅游+住宿”模式的首倡企业，是旅宿文化体验的整合机构，行李旅宿·花明寂总建筑面积3560$m^2$，设计客房30间
大乐之野
大乐之野是国内头部民宿品牌，于2013年创立，是莫干山地区最早的民宿品牌之一，大乐之野·向野而生总建筑面积2450$m^2$,设计客房23间
植物私塾
植物私塾是中国自然教育领域的知名品牌，也是国内最早在民间开展自然教育的机构之一，总建筑面积2350$m^2$,设计客房27间

图 3-46

图 3-47

图 3-48

图 3-49

对齐让杂乱的物体变得更具美感，从而可以产生强烈的秩序性。在 PPT 中，对齐也能引导观众的视线，让观众按照特定的顺序获取内容，如图 3-50 和图 3-51 所示。

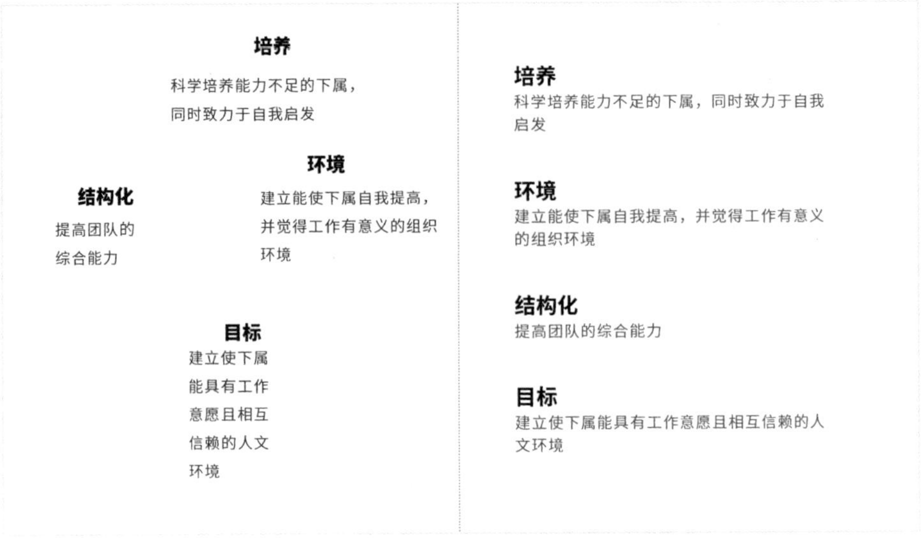

培养
科学培养能力不足的下属，
同时致力于自我启发

环境
建立能使下属自我提高，
并觉得工作有意义的组织
环境

结构化
提高团队的
综合能力

目标
建立使下属
能具有工作
意愿且相互
信赖的人文
环境

培养
科学培养能力不足的下属，同时致力于自我
启发

环境
建立能使下属自我提高，并觉得工作有意义
的组织环境

结构化
提高团队的综合能力

目标
建立使下属能具有工作意愿且相互信赖的人
文环境

图 3-50

发展成效

产业融合
主体规模不断壮大

紧密型利益
联结机制持续健全

农民增收
与就业渠道日益多元

乡村产业
融合载体蓬勃发展

各方力量
助力产业融合成效明显

乡村产业
融合业态提档升级

发展成效

产业融合
主体规模不断壮大

紧密型利益
联结机制持续健全

乡村产业
融合载体蓬勃发展

农民增收
与就业渠道日益多元

乡村产业
融合业态提档升级

各方力量
助力产业融合成效明显

图 3-51

## 3.2.2 对比

对比是指元素之间存在明显差异。合理使用对比，能使重点更突出。

## 1. 对比的表现形式

在设计中最常见的对比有大小对比、色彩对比、虚实对比、形状对比等，如图 3-52 所示。

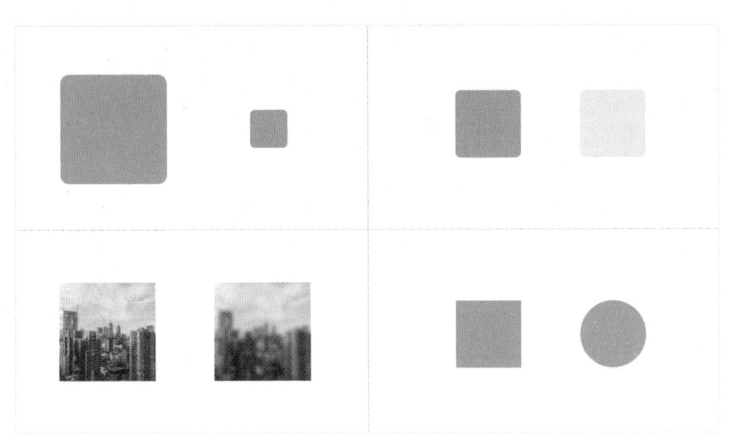

图 3-52

在一些摄影作品中，也可以看到对比。例如，通过虚化背景突出主体，这便是虚实对比，如图 3-53 和图 3-54 所示。

图 3-53

图 3-54

光影制造的明暗对比如图 3-55 所示。

图 3-55

辽阔的海洋和渺小的船产生的大小对比如图 3-56 所示。

图 3-56

## 2. 对比的作用

对比可以让内容更直观。

### 1）突出重点

前文提到了如何为 PPT 划分层级、如何找到 PPT 的重点。使用对比，可以让重点更突出。

当把部分内容调大字号，并用不同的颜色标注时，重点便显而易见了，如图 3-57（对比前）和图 3-58（对比后）所示。

### 2）增加内容辨识度

我们在做 PPT 时追求逻辑，追求美观，但前提是，一定要看得清。如果看不清内容，那么在 PPT 中不管做了哪些设计，那么一定都是失败的。

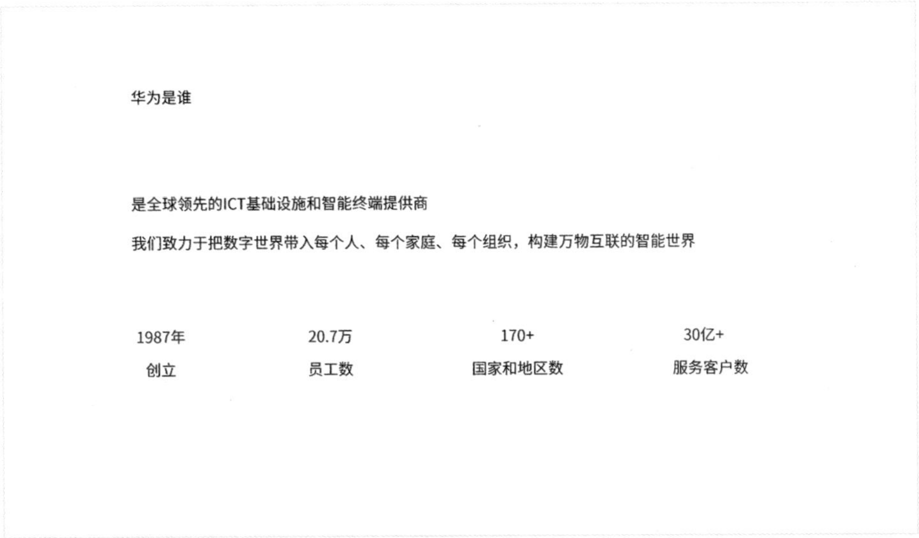

华为是谁

是全球领先的ICT基础设施和智能终端提供商

我们致力于把数字世界带入每个人、每个家庭、每个组织，构建万物互联的智能世界

| 1987年 | 20.7万 | 170+ | 30亿+ |
| --- | --- | --- | --- |
| 创立 | 员工数 | 国家和地区数 | 服务客户数 |

图 3-57

# 华为是谁

是全球领先的ICT基础设施和智能终端提供商

我们致力于把数字世界带入每个人、每个家庭、每个组织，构建万物互联的智能世界

| 1987年 | 20.7万 | 170+ | 30亿+ |
| --- | --- | --- | --- |
| 创立 | 员工数 | 国家和地区数 | 服务客户数 |

图 3-58

如图 3-59 所示，页面的背景是深蓝色的，文字是黑色的，黑色与深蓝色缺乏对比，导致阅读文字困难。

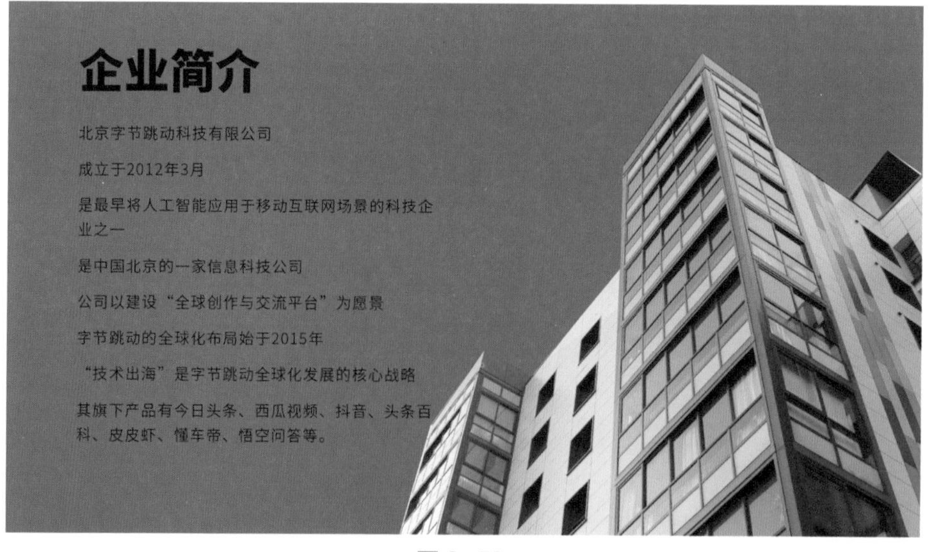


图 3-59

要想提高文字的可读性非常简单，只需将文字的颜色换成与背景对比强烈的颜色即可，如图 3-60 所示。

图 3-60

## 3.2.3 亲密

亲密原则，是指关联性较强的元素应放在一起。我们也可以将其理解为元素分组。

### 1. 亲密的表现形式

把具有明显共同特征的元素放在一起，最简单的有图形分组（见图 3-61）、色彩分组（见图 3-62）。

最常见的 PPT 中的亲密，或者叫 PPT 中的分组有元素类别分组，比如文字、图片、图表，都属于不同的类别。此时，可以将元素按照类别分组，如图 3-63（分组前）、图 3-64（分组后）所示。

图 3-61

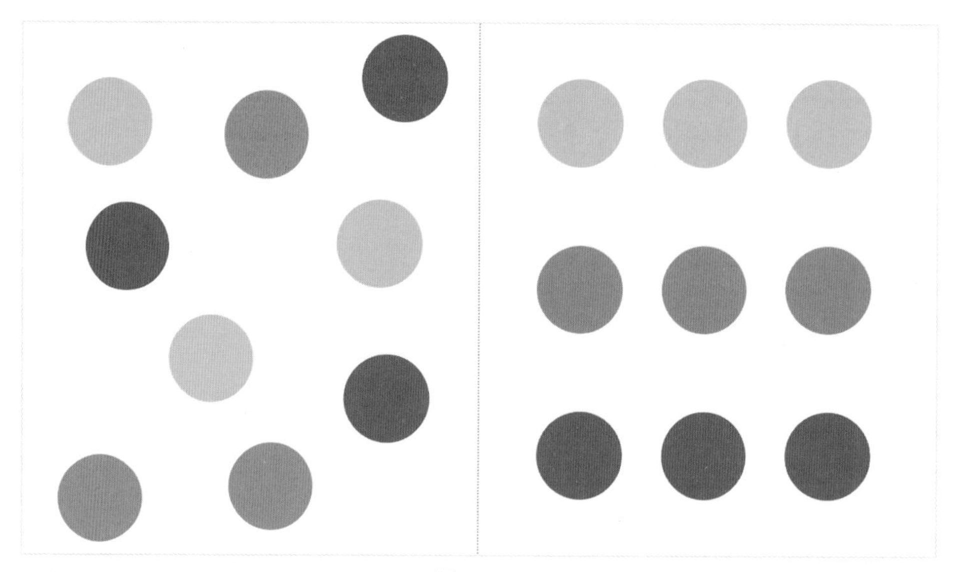

图 3-62

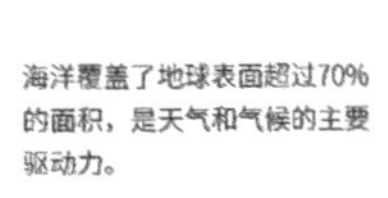

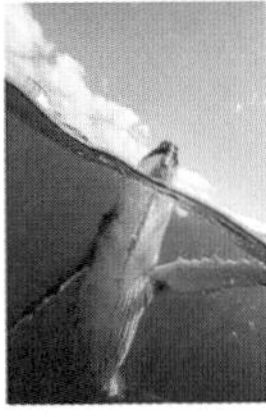

海洋，是地球上最广阔的水体的总称。地球表面被各大陆地分隔为彼此相通的广大水域称为海洋，海洋的中心部分称作洋，边缘部分称作海，彼此沟通组成统一的水体。
地球上海洋总面积约为3.6亿平方千米，约占地球表面积的71%，平均水深约为3795米。海洋中含有13.5亿多立方千米的水，约占地球上总水量的97%，而可用于人类饮用的水只占2%。
地球四个主要的大洋为太平洋、大西洋、印度洋、北冰洋，大部分以陆地和海底地形线为界。当今人类已探索的海底只有5%，还有95%的海底是未知的。
海洋覆盖了地球表面超过70%的面积，是天气和气候的主要驱动力。


图 3-63

海洋，是地球上最广阔的水体的总称。地球表面被各大陆地分隔为彼此相通的广大水域称为海洋，海洋的中心部分称作洋，边缘部分称作海，彼此沟通组成统一的水体。
地球上海洋总面积约为3.6亿平方千米，约占地球表面积的71%，平均水深约为3795米。海洋中含有13.5亿多立方千米的水，约占地球上总水量的97%，而可用于人类饮用的水只占2%。
地球四个主要的大洋为太平洋、大西洋、印度洋、北冰洋，大部分以陆地和海底地形线为界。当今人类已探索的海底只有5%，还有95%的海底是未知的。
海洋覆盖了地球表面超过70%的面积，是天气和气候的主要驱动力。


图 3-64

如果 PPT 中的元素都是同种类别的，那么可以根据主题来分组，如图 3-65（分组前）、图 3-66（分组后）所示。

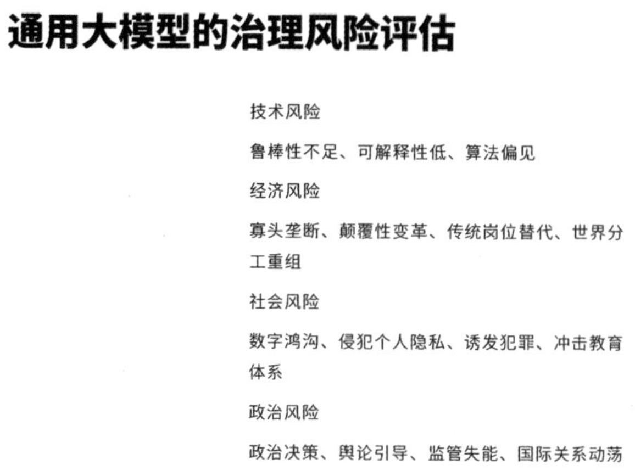

通用大模型的治理风险评估

技术风险

鲁棒性不足、可解释性低、算法偏见

经济风险

寡头垄断、颠覆性变革、传统岗位替代、世界分工重组

社会风险

数字鸿沟、侵犯个人隐私、诱发犯罪、冲击教育体系

政治风险

政治决策、舆论引导、监管失能、国际关系动荡

图 3-65

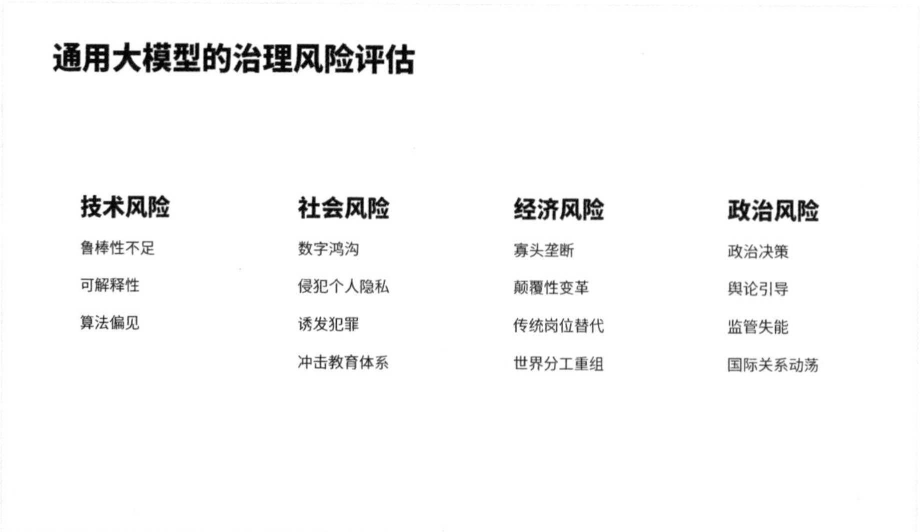

通用大模型的治理风险评估

| 技术风险 | 社会风险 | 经济风险 | 政治风险 |
|---|---|---|---|
| 鲁棒性不足 | 数字鸿沟 | 寡头垄断 | 政治决策 |
| 可解释性 | 侵犯个人隐私 | 颠覆性变革 | 舆论引导 |
| 算法偏见 | 诱发犯罪 | 传统岗位替代 | 监管失能 |
| | 冲击教育体系 | 世界分工重组 | 国际关系动荡 |

图 3-66

亲密（分组）其实和前文提到的分段有关联之处。分段是将一个整体拆分为多段，而分组则是将每个元素都放在各自的区域，元素与元素之间有一定的空间距离。

我们通常会给段落提取小标题，这个小标题到本段内容的距离一定要比到其他元素的距离近。在图 3-65 中，每个文本框都呈纵向等距分布，导致中间的小标题到上一段内容的距离和到本段内容的距离是相等的，这样就容易造成内容混乱。如果把小标题向本段内容靠拢，又在每段内容之间增加一定的距离，内容就会非常清晰明了，如图 3-66 所示。

## 2. 亲密的作用

亲密让整个页面更生动、不散乱。

### 1）增加页面的条理性

如果元素在物理位置上是接近的，我们的大脑通常就会认为它们是有关联的。把有关联的元素排列在一起，就会形成一个视觉单元，帮助观众快速厘清元素信息。

如图 3-67 所示，如果每一段内容的间隔都差不多，我们就很难快速知道哪些内容是有关联的。如果把内容分组，把有关联的放在一起，把有区别的用空间隔开，整个页面就会变得非常有条理，如图 3-68 所示。

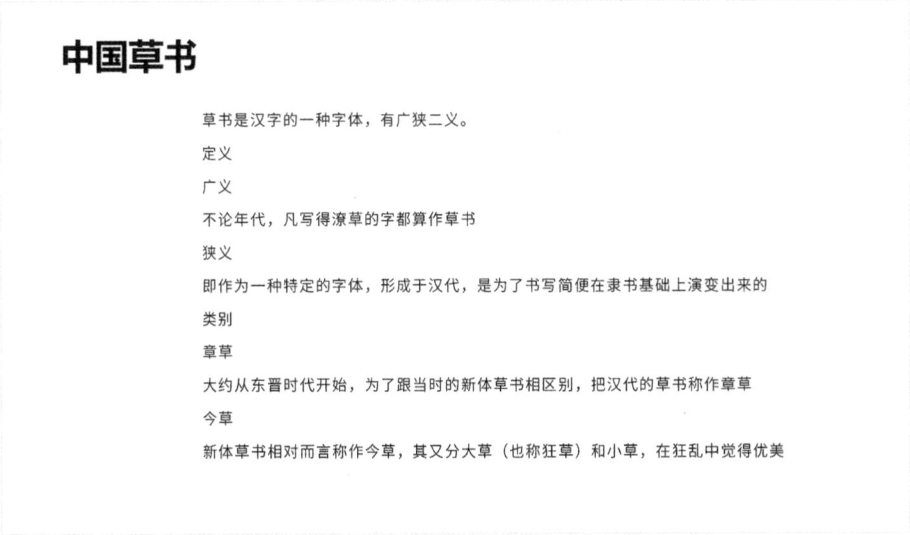

**中国草书**

草书是汉字的一种字体，有广狭二义。

定义

广义

不论年代，凡写得潦草的字都算作草书

狭义

即作为一种特定的字体，形成于汉代，是为了书写简便在隶书基础上演变出来的

类别

章草

大约从东晋时代开始，为了跟当时的新体草书相区别，把汉代的草书称作章草

今草

新体草书相对而言称作今草，其又分大草（也称狂草）和小草，在狂乱中觉得优美

图 3-67

图 3-68

2）加强信息之间的连接

亲密还可以加强信息之间的连接，让整个页面不至于太零散。有的信息格式在页面中是多次重复出现的，如图 3-69 所示。如果按照出现的顺序来排列含有数字的信息，这个页面就显得很随意、零散。如果把含有数字的信息排列在一起，信息之间的连接就更紧密，如图 3-70 所示。

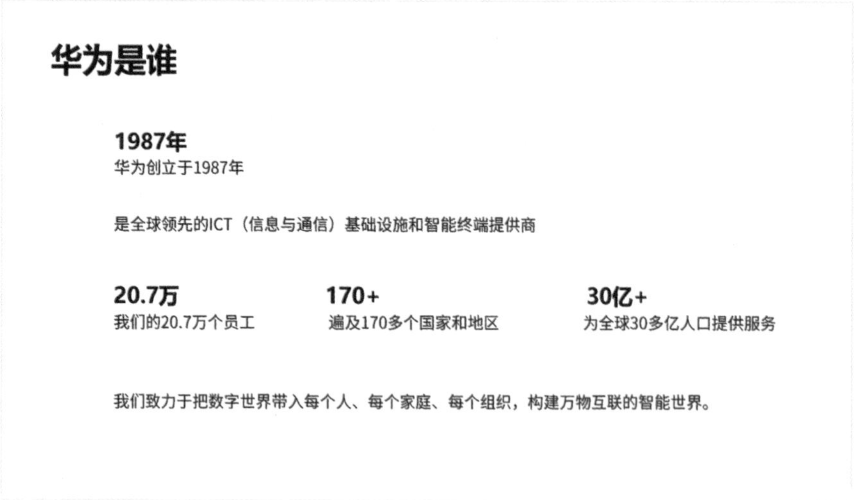

华为是谁
1987年
华为创立于1987年
是全球领先的ICT（信息与通信）基础设施和智能终端提供商
20.7万
我们的20.7万个员工
170+
遍及170多个国家和地区
30亿+
为全球30多亿人口提供服务
我们致力于把数字世界带入每个人、每个家庭、每个组织，构建万物互联的智能世界。

图 3-69

华为是谁

是全球领先的ICT基础设施和智能终端提供商

我们致力于把数字世界带入每个人、每个家庭、每个组织，构建万物互联的智能世界

1987年
创立

20.7万
员工数

170+
国家和地区数

30亿+
服务客户数

图 3-70

## 3.2.4　重复

重复是指在一个页面或者一套 PPT 中重复使用某些元素或参数。例如，颜色、字体、字号、图片等。

### 1. 重复的表现形式

为了让你能够循序渐进地学习做 PPT，前文基本上没有使用完整的成品案例，但是重复原则通常在完整的案例中才能有所体现，所以下面附上一整套完整的 PPT 来分析重复原则在 PPT 中的表现形式，如图 3-71 所示。

从配色上来说，图 3-71 所示的整套 PPT 主要采用 3 种颜色：白色（#FFFFFF）、红色（#BE504F）、深灰色（#2D2F44），其中每一个页面基本上都用了这 3 种颜色，只是在比例上有所不同，这是颜色的重复使用。

从配图的选取上来说，虽然图片不同，但是通篇选取的都是“城市”主题的图片，这是图片风格的重复使用。

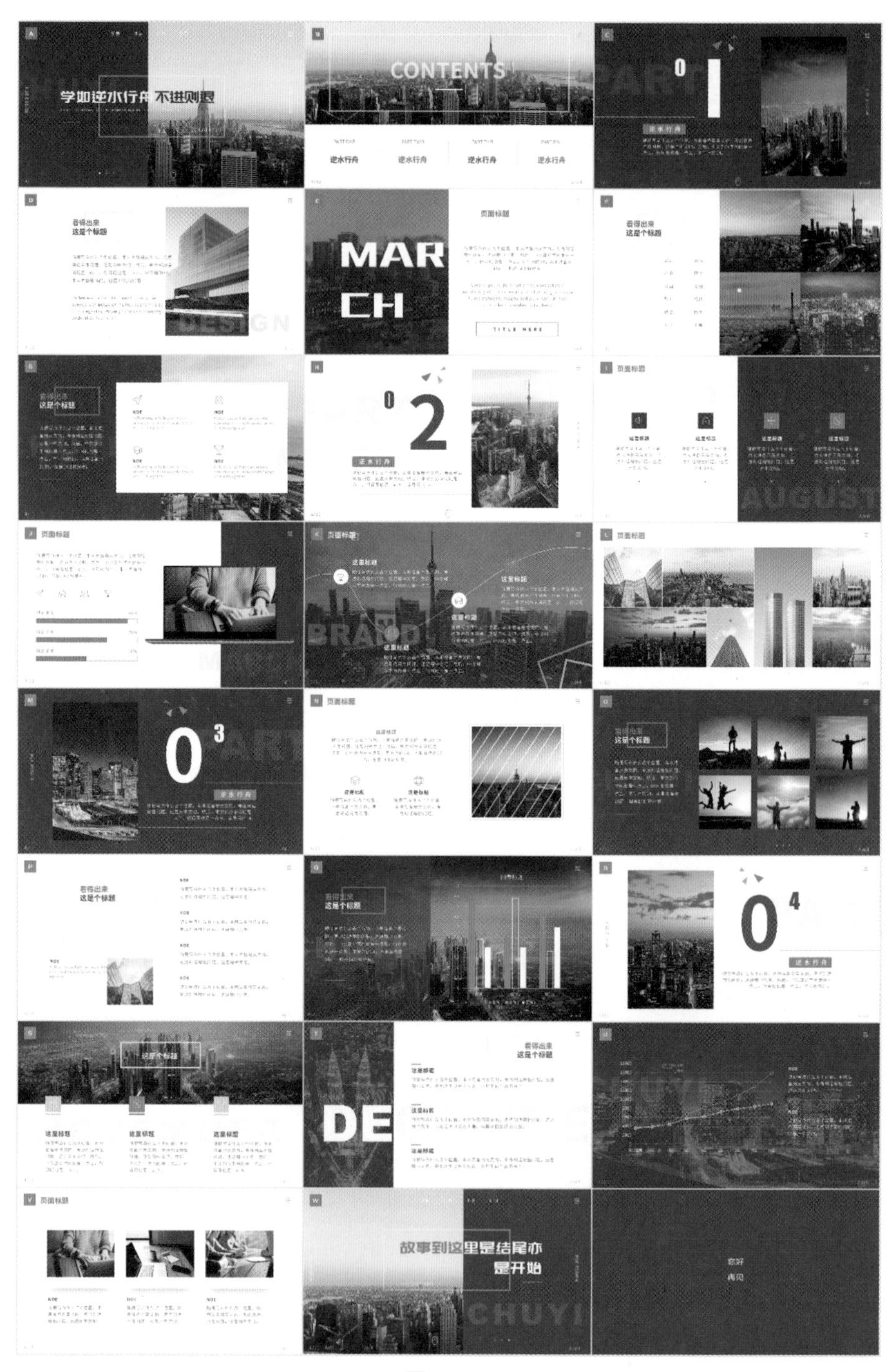
学如逆水行舟 不进则退
CONTENTS
逆水行舟
逆水行舟
逆水行舟
逆水行舟
01
逆水行舟
看得出来
这是个标题
DESIGN
页面标题
MAR
CH
TITLE HERE
看得出来
这是个标题
02
逆水行舟
页面标题
AUGUST
页面标题
页面标题
BRAND
页面标题
03
PART
逆水行舟
页面标题
看得出来
这是个标题
04
逆水行舟
这是个标题
看得出来
这是个标题
DE
CHUYI
页面标题
故事到这里是结尾亦
是开始
CHUYI
你好
再见

图 3-71

从局部的元素搭配上来说，幻灯片的 4 个角都设置了统一的修饰元素，这是修饰元素的重复使用。

从字体设置上来说，PPT 正文都使用了思源黑体 Light，字间距都设置了 1.3，行间距都设置了 1.3，白色背景下的文字颜色不是纯黑色，而是统一采用了深灰色，字体格式在整套 PPT 中统一，这是字体与字体格式的重复使用。

为了方便你看清楚，我截取了其中的几个页面，如图 3-72 至图 3-74 所示。

图 3-72

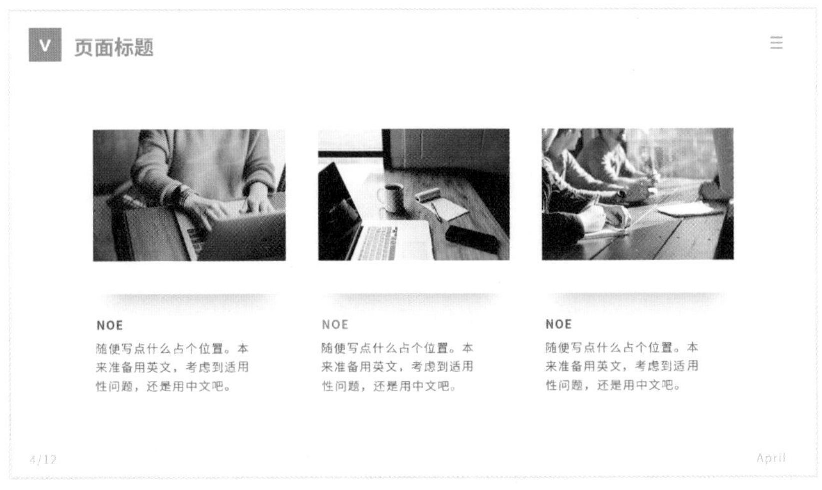


图 3-73

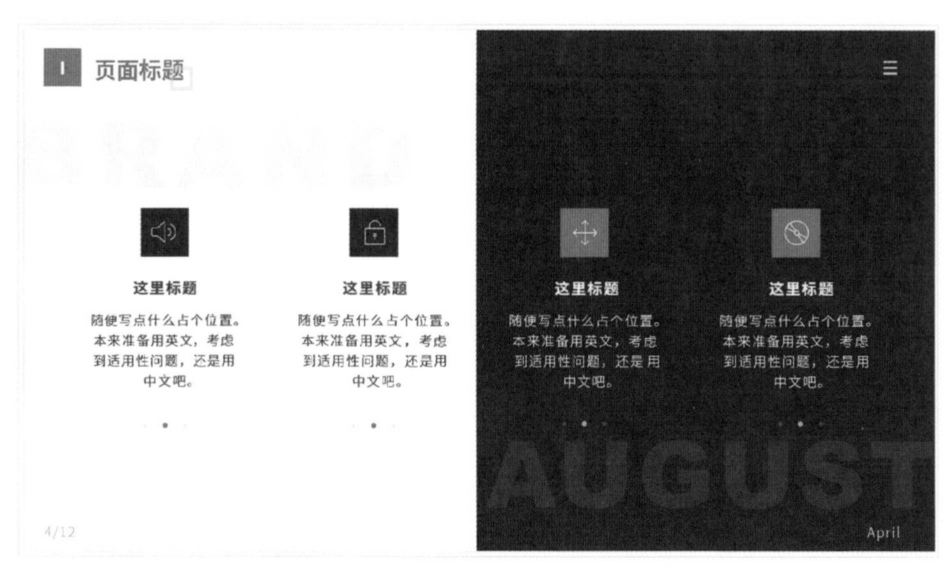


图 3-74

仔细观察，这套 PPT 中还有很多重复使用的手法。例如，用浅色字母丰富背景，所用的图标全部是线性图标，在页面标题旁加矩形框等。

## 2. 重复的作用

重复的最大作用，就是增强整体性和统一性，让观众知道以下元素都属于同一个系统。重复原则的运用有利于作品风格的形成。

图 3-75 所示的 4 张幻灯片很难被人们归为一套 PPT。如果使用重复原则把它们的部分元素统一，就非常容易区分，如图 3-76 所示。

统一的元素更容易形成风格，图 3-77 与图 3-78 中的布局完全相同，但因为图 3-77 中没有做好重复，导致整套 PPT 的风格难以定义。图 3-78 中重复使用了“毛玻璃”的设计手法，色彩和谐统一，极大地提高了页面的整体性。

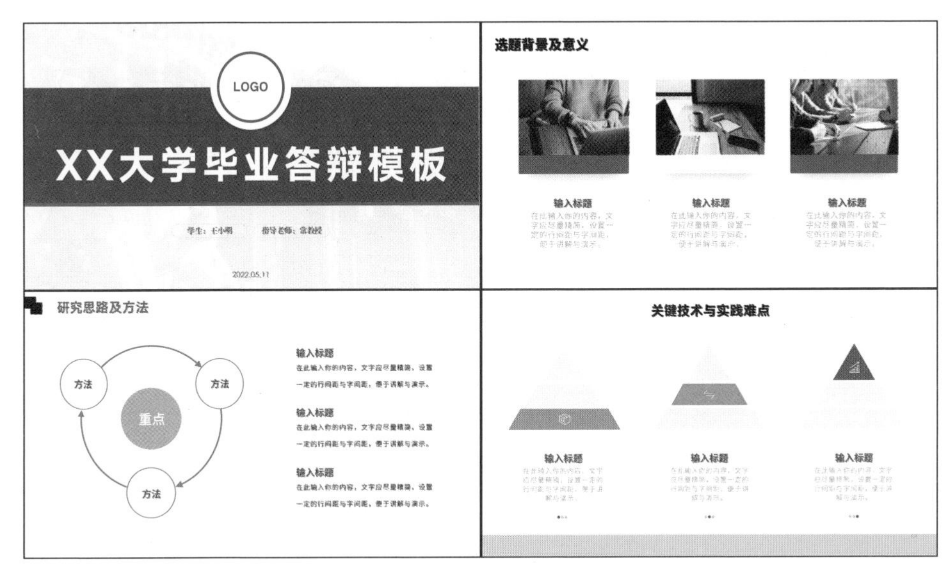
LOGO
XX大学毕业答辩模板
学生：王小明
指导老师：张教授
2022.05.11
选题背景及意义
输入标题
输入标题
输入标题
研究思路及方法
方法
方法
重点
方法
输入标题
在此输入你的内容，文字应尽量精简，设置一定的行间距与字间距，便于讲解与演示。
输入标题
在此输入你的内容，文字应尽量精简，设置一定的行间距与字间距，便于讲解与演示。
输入标题
在此输入你的内容，文字应尽量精简，设置一定的行间距与字间距，便于讲解与演示。
关键技术与实践难点
输入标题
输入标题
输入标题

图 3-75

LOGO
XX大学毕业答辩模板
学生：王小明
指导老师：张教授
2022.05.11
选题背景及意义
输入标题
输入标题
输入标题
研究思路及方法
方法
方法
重点
方法
输入标题
输入标题
输入标题
关键技术与实践难点
输入标题
输入标题
输入标题

图 3-76

2024年度工作总结汇报
ANNUAL WORK SUMMARY REPORT
汇报人：初一 汇报时间：12月24号
目录
CONTENTS
01 上月工作总结
SUMMARY OF LAST MONTH'S WORK
02 工作完成情况
JOB COMPLETION
03 成功项目展示
SUCCESSFUL PROJECT PRESENTATION
04 六月工作计划
MAY WORK PLAN
01
上月工作总结
SUMMARY OF LAST MONTH'S WORK
管理体系存在问题
缺乏有效管理
规模储备不足
培养规划单一

图 3-77

2024年度工作总结汇报
ANNUAL WORK SUMMARY REPORT
汇报人：初一 汇报时间：12月24号
目录
CONTENTS
01 上月工作总结
02 工作完成情况
03 成功项目展示
04 六月工作计划
01
上月工作总结
SUMMARY OF LAST MONTH'S WORK
管理体系存在问题
缺乏有效管理
规模储备不足
培养规划单一

图 3-78

第 4 章

# 设置字体

字体在 PPT 中非常关键，是一套 PPT 迈向专业的开始。你可以看一下市面上做得比较好的 PPT 作品，都不是用的系统默认的等线体。如果你拿到一套 PPT，打开一看，发现用的字体是默认的等线体，那么基本上可以确定这是 PPT“小白”做的。

我们在设置字体的过程中，通过使用不同的字号也可以体现前文所说的对比，有助于突出重点。

我们要想学会在 PPT 中使用字体，就需要掌握以下 3 个方面的内容：①字体的分类。我们至少要对字体有大致的了解才能更好地使用它们。②字体的气质。每一种字体都有独特的气质，我们做的每一套 PPT 也都有属于自己的风格，当字体的气质和 PPT 的风格吻合时，字体的选择才是正确的。③字体在页面中的具体设置。这个方面的内容很简单，基本上都是一些数据，你记下来直接套用就行。

## 4.1 字体的分类

这里对中文字体的分类和英文字体的分类分开阐述。

### 4.1.1 中文字体的分类

按照在 PPT 中的使用习惯来划分，中文字体大致可以分为 4 种：黑体、宋体、书法体和手写体。

#### 1. 黑体

黑体是一类字体的总称，并不单指 PPT 字体选择栏中的“黑体”。我们常见的微软雅黑也属于黑体。黑体的特征是字形端正，笔画的粗细一致。

如图 4-1 所示，黑体并非全都是横平竖直的，也有一些设计得非常出众。

#### 2. 宋体

宋体并不单指 PPT 字体选择栏中的“宋体”，也是一类字体的统称。宋体最大的特征就是它的笔画粗细不一，通常是横细竖粗，且笔画末端有装饰部分，如图 4-2 所示。

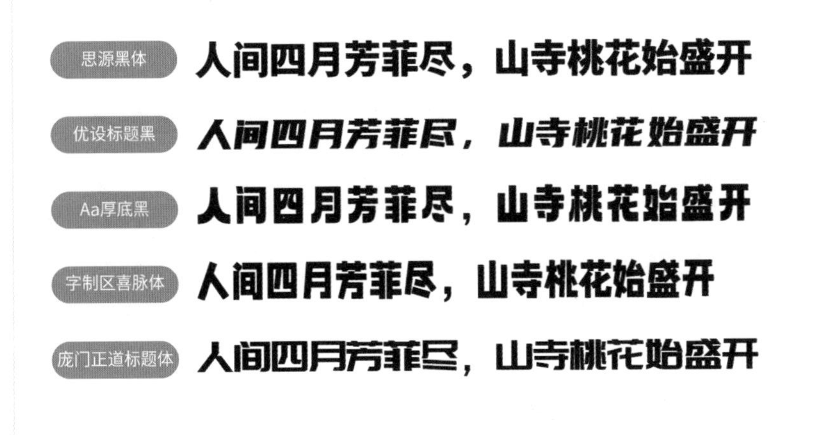


图 4-1

思源宋体 人间四月芳菲尽，山寺桃花始盛开

令东齐假复刻体 人間四月芳菲盡，山寺桃花始盛開

方正书宋简体 人间四月芳菲尽，山寺桃花始盛开

装甲明朝字体 人間四月芳菲尽，山寺桃花始盛開

朝鲜日报明朝体 人间四月芳菲尽，山寺桃花始盛开

图 4-2

## 3. 书法体

广义上的书法体，有我们所知的行书、草书、隶书、篆书和楷书。我们做 PPT 不需要分得这么详细，PPT 中的书法体其实可以狭义地理解为行书。也有一些人把它叫毛笔字体。这种字体就像用毛笔书写成的一样，这么叫其实很贴切，

如图 4-3 所示。

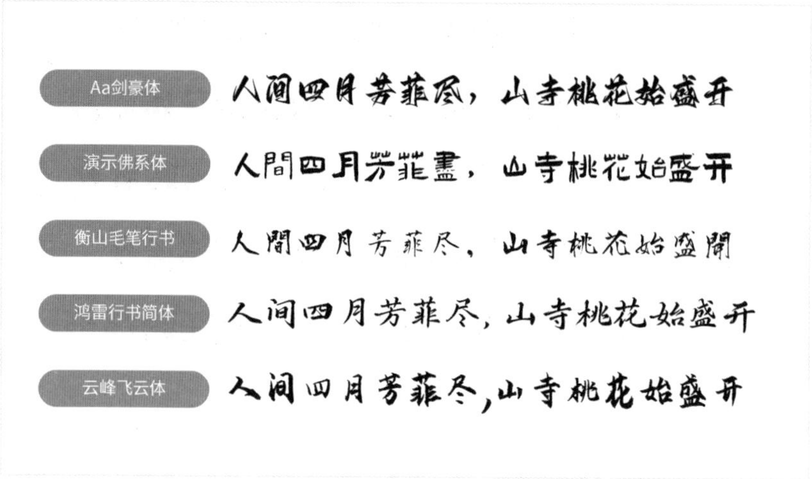

Aa剑豪体 人间四月芳菲尽，山寺桃花始盛开
演示佛系体 人間四月芳菲盡，山寺桃花始盛开
衡山毛笔行书 人間四月芳菲尽，山寺桃花始盛開
鸿雷行书简体 人间四月芳菲尽，山寺桃花始盛开
云峰飞云体 人间四月芳菲尽，山寺桃花始盛开

图 4-3

## 4. 手写体

顾名思义，手写体就像手写出来的字体。手写体大小不一，风格非常丰富，如图 4-4 所示。

图 4-4

## 4.1.2 英文字体的分类

英文字体大致可以分为两类：衬线体和无衬线体。

### 1. 衬线体

衬线体可以对应中文的宋体，笔画粗细不同且在笔画末端有额外的装饰。很多字体同时设计了中文字形和英文字形，前面提到的宋体，除了第二种“令东齐假复刻体”，其他的也可以适用于英文，如图 4-5 所示。

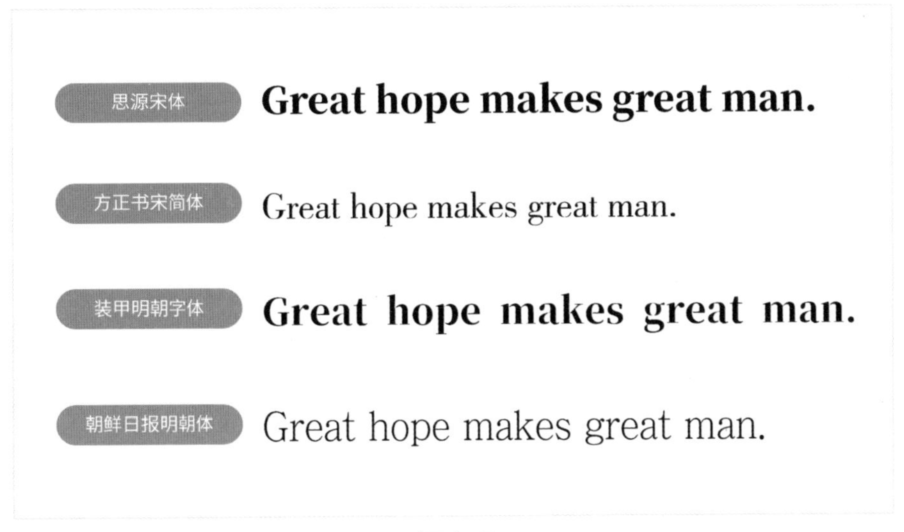


图 4-5

### 2. 无衬线体

无衬线体可以对应中文的黑体，笔画粗细一致，没有额外的装饰，线条简洁，易于辨认。同样，有的黑体也设计了英文字形，前面提到的所有黑体都可以适用于英文，如图 4-6 所示。

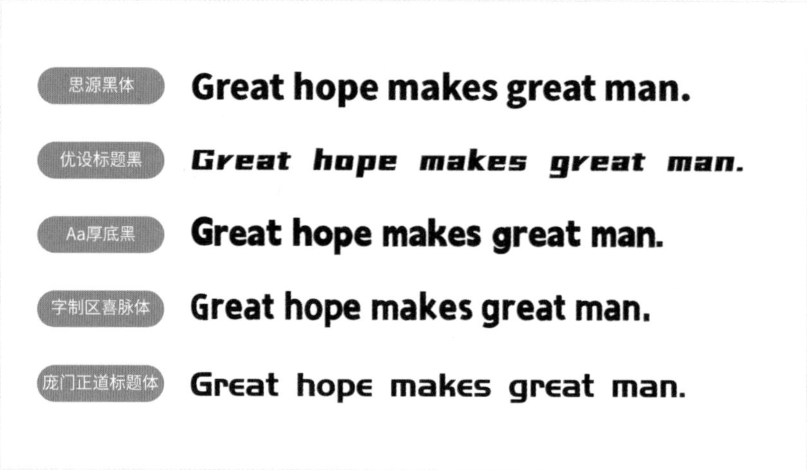

思源黑体 Great hope makes great man.

优设标题黑 Great hope makes great man.

Aa厚底黑 Great hope makes great man.

字制区喜脉体 Great hope makes great man.

庞门正道标题体 Great hope makes great man.

图 4-6

### 4.1.3 免费商用的字体

我们在平时使用字体时，应该注意字体的版权。如果不进行商用，那么可以随意选择字体。如果进行商用且不想付费，就需要选择免费商用的字体。

什么叫商用？商用就是以盈利为目的的活动。比如，进行各种经营活动、制作广告作品和线上课程、出版图书等。

上面介绍的所有字体，都是免费商用的，几乎都可以在“字体天下”这个网站上免费下载，你可以先下载一些字体到电脑上安装好，以备不时之需。

## 4.2 字体的气质

字体的气质是指什么呢？当看到一个字体时，你会产生一些视觉感受和情感联想，这些感受和联想就是字体的气质，而不同类型的字体会有不同的气质。

我们依然按黑体、宋体、书法体、手写体的顺序来讨论字体的气质。衬线体可以被视为宋体，无衬线体可以被视为黑体，因此我们就不单独讨论这两种类型的字体了。每一种字体都有独特的气质，而我们所做的每一套 PPT 也都有自己的气质，当两者的气质相符时，页面就会非常和谐。

### 4.2.1　黑体的气质

黑体的字形方正、简约、正式，笔画粗重，给人力量感。它的气质可以概括为稳重、端庄、阳刚、大方、干练、大气、深邃等。黑体是一种可塑性很强的字体，适合的领域非常广，基本上可以算是一种万能字体。在不知道用什么字体时就用黑体，是一种基本不会出错的用法，如图 4-7 和图 4-8 所示。

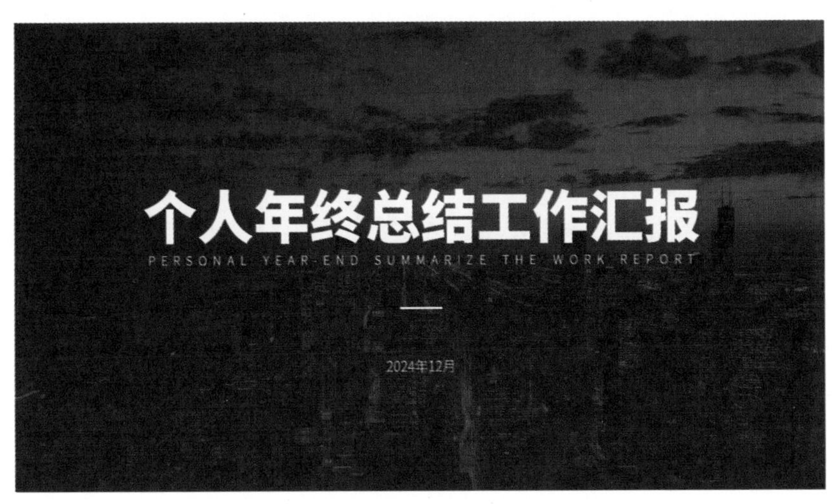


图 4-7

图 4-8

### 4.2.2 宋体的气质

宋体的笔画本身便具有设计感，使得它天然带有一种艺术性。它的气质可以概括为文艺、文雅、贵气、精致、高雅、时尚等。可以这么说，但凡与文化、艺术相关或者想要体现文化、艺术的场合，都可以用宋体，如图 4-9 和图 4-10 所示。

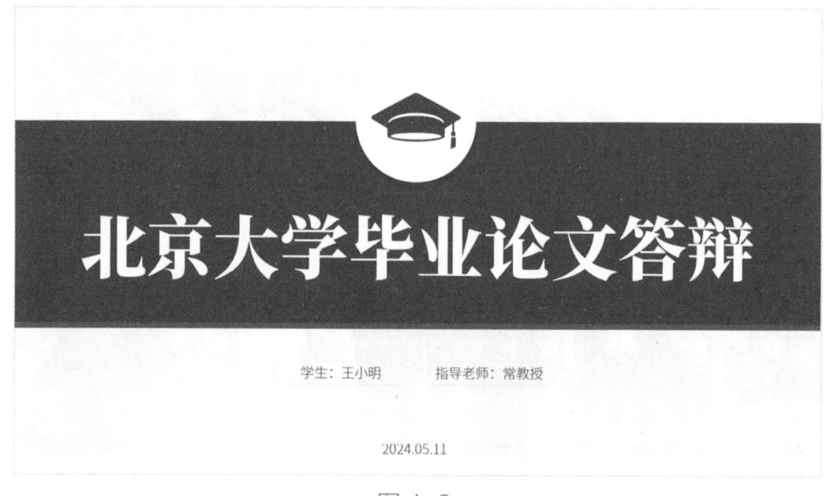


图 4-9

图 4-10

### 4.2.3 书法体的气质

书法体是与我国传统文化强相关的一种字体，极具个性，能够表达出强烈的情感。它的气质可以概括为古典、苍劲、雄浑、洒脱、独特等。但凡具有我们国家特色或者想要表达强烈冲击力的页面，都可以用书法体，如图 4-11 和图 4-12 所示。

图 4-11

图 4-12

### 4.2.4 手写体的气质

手写体的字形较随意，适合一些轻松活泼的场合。与书法体一样，它也具有表达情感的功能。它的气质可以概括为明快、有活力、灵动、稚气、童真、可爱等。这种字体不适合用于特别正式的场合，一般都用于与儿童相关的行业，如图 4-13 和图 4-14 所示。

图 4-13

图 4-14

这 4 种字体各有各的气质，除此之外，字体笔画的粗细、直弯、整体的紧密度，也会产生一定的影响。比如，粗的字体更具力量感，而纤细的字体更优雅、更文艺。

我们在选择字体时尽量选择与页面气质吻合的字体，如果用错了字体，就会非常怪异。例如，我们将图 4-8 中的字体换成手写体，页面的表现力就大大下降了，如图 4-15 所示。

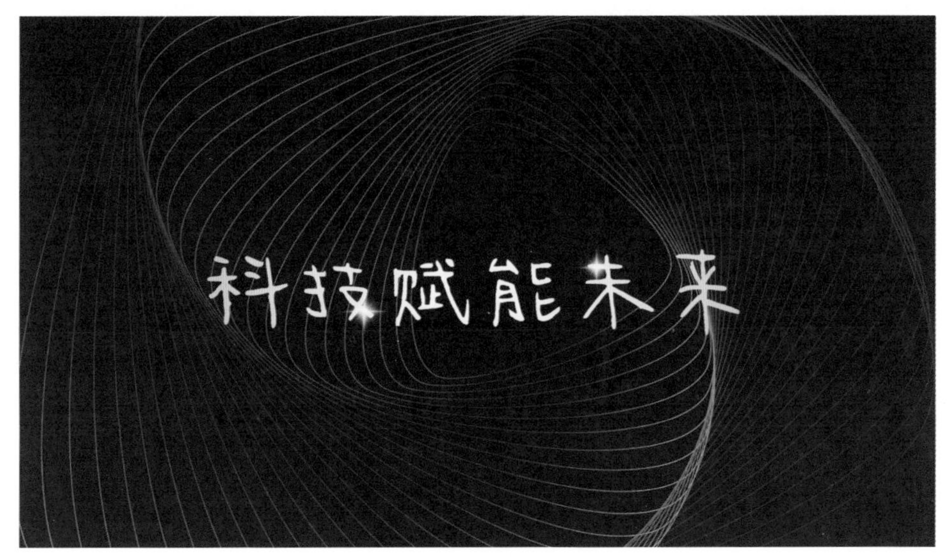


图 4-15

## 4.3 字体在页面中的具体设置

在 PPT 中，文字一般分为 4 个层级：PPT 封面的主标题、内容页的页面标题、内容页的小标题、正文。前面介绍的对字体的选择，其实是对标题字体的选择。如果是正文，我们一律用纤细的黑体，黑体的可读性强，方便观众观看，这是几乎不会出错的用法。

这里附了一张表格，你在设置字体时，可以参照这张表格来处理，如图 4-16 所示。

PPT字体设置

| 层级 | 字体 | 字号 | 字间距 | 行间距 |
| --- | --- | --- | --- | --- |
| 封面主标题 | 风格字体 | ≥48号（页面空间） | — | — |
| 页面标题 | 风格字体 | ≥28号 | — | — |
| 小标题 | 风格字体/黑体 | ≥18号 | — | — |
| 正文 | 思源黑体（细） | 14～18号 | 加宽1磅 | 1～1.5倍 |

图 4-16

### 4.3.1 字体

从封面主标题到小标题，我们一般选择风格字体，也就是符合 PPT 主题气质的字体。对于正文，我们需要考虑可读性，通常选择纤细的黑体。在之前介绍过的字体中，思源黑体和思源宋体都有多个字重，也就是笔画有从细到粗多个版本，如图 4-17 所示。

**思源黑体 CN Heavy**
**思源黑体 CN Bold**
**思源黑体 CN Medium**
思源黑体 CN Regular
思源黑体 CN Normal
思源黑体 CN Light
思源黑体 CN ExtraLight

**思源宋体 CN Heavy**
思源宋体 CN SemiBold
思源宋体 CN Medium
思源宋体 CN
思源宋体 CN Light
思源宋体 CN ExtraLight

图 4-17

我们在选择正文的字体时，通常选择思源黑体 Light 或者 Regular。首先，从版权上来说，这套字体是开源字体，在任何场合使用都没有侵权风险。其次，这个字体的笔画较为纤细，在便于阅读的同时，能够与标题产生有效对比。当正文和标题使用同一种字体时，页面就会缺乏层次感，如图 4-18 所示。

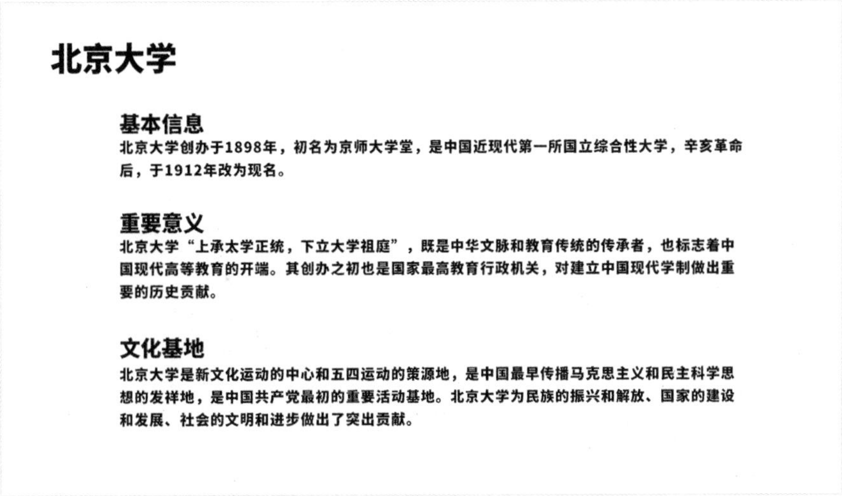

**北京大学**

**基本信息**
**北京大学创办于1898年，初名为京师大学堂，是中国近现代第一所国立综合性大学，辛亥革命后，于1912年改为现名。**

**重要意义**
**北京大学“上承太学正统，下立大学祖庭”，既是中华文脉和教育传统的传承者，也标志着中国现代高等教育的开端。其创办之初也是国家最高教育行政机关，对建立中国现代学制做出重要的历史贡献。**

**文化基地**
**北京大学是新文化运动的中心和五四运动的策源地，是中国最早传播马克思主义和民主科学思想的发祥地，是中国共产党最初的重要活动基地。北京大学为民族的振兴和解放、国家的建设和发展、社会的文明和进步做出了突出贡献。**

图 4-18

当把正文字体换成思源黑体 Light 时，层次感立刻就突显出来了，如图 4-19 所示。

**北京大学**

**基本信息**
北京大学创办于1898年，初名为京师大学堂，是中国近现代第一所国立综合性大学，辛亥革命后，于1912年改为现名。

**重要意义**
北京大学“上承太学正统，下立大学祖庭”，既是中华文脉和教育传统的传承者，也标志着中国现代高等教育的开端。其创办之初也是国家最高教育行政机关，对建立中国现代学制做出重要的历史贡献。

**文化基地**
北京大学是新文化运动的中心和五四运动的策源地，是中国最早传播马克思主义和民主科学思想的发祥地，是中国共产党最初的重要活动基地。北京大学为民族的振兴和解放、国家的建设和发展、社会的文明和进步做出了突出贡献。

图 4-19

### 4.3.2 字号

在一套设计规范的 PPT 中，字号的大小一定是封面主标题的字号 > 页面标题的字号 > 小标题的字号 > 正文的字号。

封面主标题的字号通常为 48 号以上，主要根据页面空间来定。在科技风格的那个案例中，标题只有 6 个字且页面中没有其他内容。这时，字号就可以大一点，如果死板地使用 48 号字，这个页面就会失去表现力，如图 4-20 所示。

图 4-20

页面标题通常使用 28 号、32 号或者 36 号字，既不显得太小，又不显得太大。

小标题和正文的字号是相关联的。不管我们怎么选择，小标题的字号和正文的字号都一定要有明显的大小差距，这样做是为了制造对比，突出重点（小标题通常是一个段落的核心所在）。正文的字号通常会受页面空间的影响，当空间足够时，选择 16 号，此时的标题字号建议为 24 号，如图 4-21 所示。此时，页面标题的字号是 32 号，小标题的字号是 24 号，正文的字号是 16 号。

**通用大模型的治理风险评估**

| 技术风险 | 社会风险 | 经济风险 | 政治风险 |
| --- | --- | --- | --- |
| 鲁棒性不足 | 数字鸿沟 | 寡头垄断 | 政治决策 |
| 可解释性 | 侵犯个人隐私 | 颠覆性变革 | 舆论引导 |
| 算法偏见 | 诱发犯罪 | 传统岗位替代 | 监管失能 |
| | 冲击教育体系 | 世界分工重组 | 国际关系动荡 |

图 4-21

当内容比较多，空间不是特别充足时，正文的字号可以选择 14 号，此时小标题的字号要大于等于 18 号，如图 4-22 所示。此时，页面标题的字号是 36 号，小标题的字号是 18 号，正文的字号是 14 号。

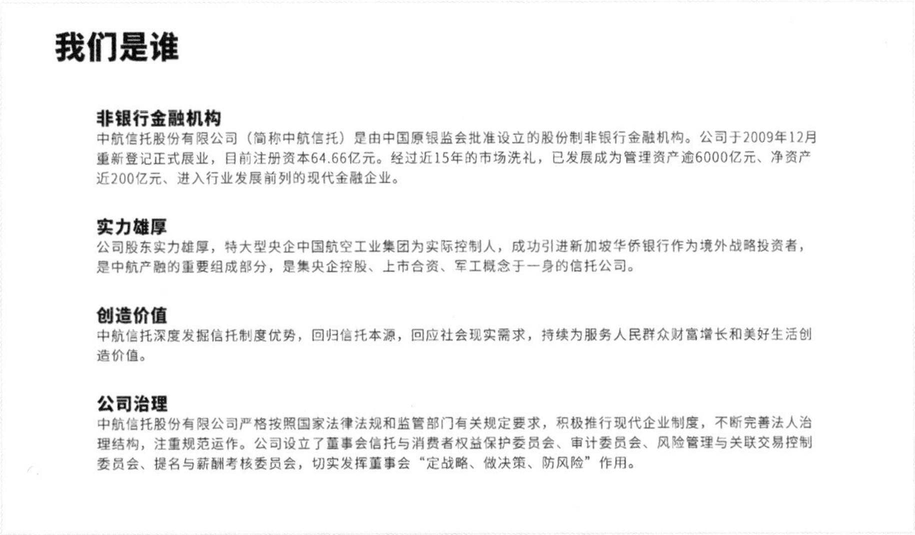

**我们是谁**

**非银行金融机构**
中航信托股份有限公司（简称中航信托）是由中国原银监会批准设立的股份制非银行金融机构。公司于2009年12月重新登记正式展业，目前注册资本64.66亿元。经过近15年的市场洗礼，已发展成为管理资产逾6000亿元、净资产近200亿元、进入行业发展前列的现代金融企业。

**实力雄厚**
公司股东实力雄厚，特大型央企中国航空工业集团为实际控制人，成功引进新加坡华侨银行作为境外战略投资者，是中航产融的重要组成部分，是集央企控股、上市合资、军工概念于一身的信托公司。

**创造价值**
中航信托深度发掘信托制度优势，回归信托本源，回应社会现实需求，持续为服务人民群众财富增长和美好生活创造价值。

**公司治理**
中航信托股份有限公司严格按照国家法律法规和监管部门有关规定要求，积极推行现代企业制度，不断完善法人治理结构，注重规范运作。公司设立了董事会信托与消费者权益保护委员会、审计委员会、风险管理与关联交易控制委员会、提名与薪酬考核委员会，切实发挥董事会“定战略、做决策、防风险”作用。

图 4-22

### 4.3.3 字间距与行间距

字间距指的是文字与文字之间横向的距离，而行间距指的是每行文字之间纵向的距离。适当增加字间距和行间距，可以让内容阅读起来更舒适。尤其是文字比较多的页面，间距小会增加拥挤感，如图 4-23 所示，当使用默认的字间距和行间距时，文字显得十分拥挤，阅读困难。

图 4-23

当我们给文字设置“加宽 1 磅字间距”和“1.5 倍行间距”时，文字显然更容易阅读，如图 4-24 所示。

行间距的选择通常为 1~1.5 倍，只要空间允许，设置 1.5 倍即可。如果空间略窄，也可以选择 1.2 倍或者 1.3 倍。总之，尽可能设置行间距。

上述设置适用于 98%以上的情况，但要根据实际情况做 PPT，你可以在上述范围内略有调整。

## 存在问题

**人才招聘困难**

去年离职员工近120人。员工流动性高，必然导致一系列的问题：一方面增加招聘费用、培训费用等管理成本；另一方面部分工作不能有效开展。

**安全工作漏洞**

保安人员不多，人员流动性大，专业素质仍有待提高。各项手续要遵循“人性化、服务性”原则，也要确保安全性。下年度努力建立更完善的安全综合防范系统，做好“防火、防盗、防人为破坏”三防工作。

**完善管理流程**

物业公司应从“服务就是让客户满意”“业主至上，服务第一”等服务理念出发，强调对客户工作的重要性，加强内部管理。

**提高创收能力**

去年物业公司推出了一些个性化服务项目，但仅限内部客户，且在价格上与服务水平方面与其他同行相比无明显优势，会所的功能也没有充分发挥。

图 4-24

# 第 5 章

# 进行配色

关于配色的知识其实非常多，要想系统地学习并掌握需要花一定的时间。虽然我们做 PPT 无须用到那么庞杂的知识，使用一些简单的配色方法就足以在配色中不会出错，但是有必要掌握一些关于色彩的基础知识。

# 5.1　色彩基础知识

你在做 PPT 时有没有发现，在“颜色”对话框中有 RGB 和 HSL 两个颜色模式，如图 5-1 所示。色彩基础知识就从 HSL（色彩三属性）开始介绍。

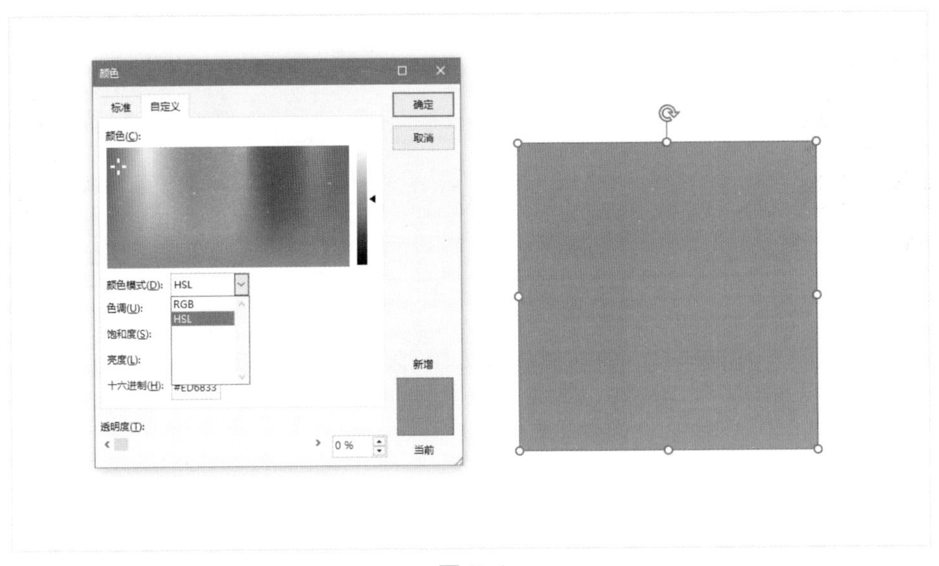


图 5-1

## 5.1.1　色彩三属性

### 1. 色相（Hue）

色相还有一个名字，叫“颜色”。我们在生活中经常提到“蓝色的天空”“红色的花朵”“紫色的雨伞”等，这里的“蓝色”“红色”“紫色”就是颜色，也是色相，如图 5-2 所示。

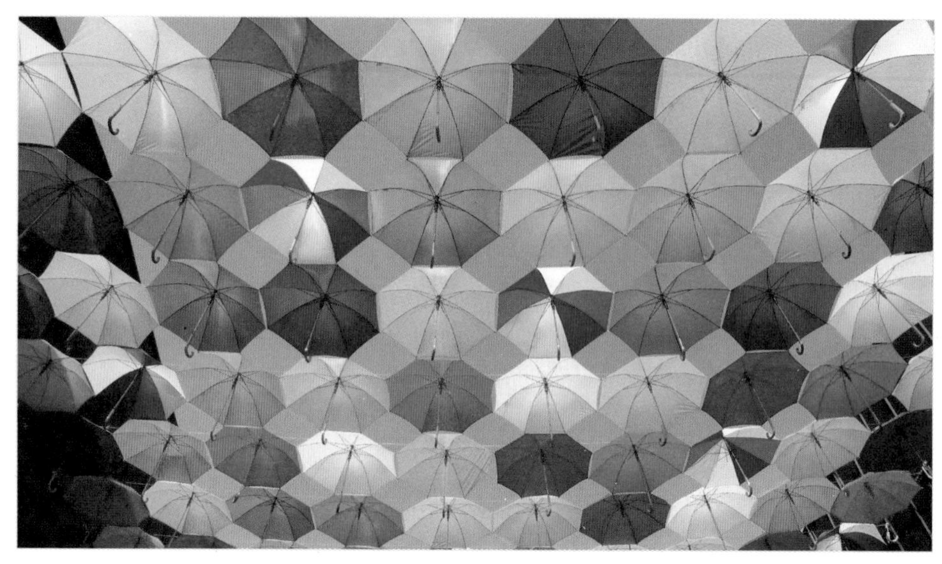

图 5-2

在 PPT 中，色相叫色调，其数值范围为 0～255，选择不同的数值可以得到不同的颜色，如图 5-3 所示。

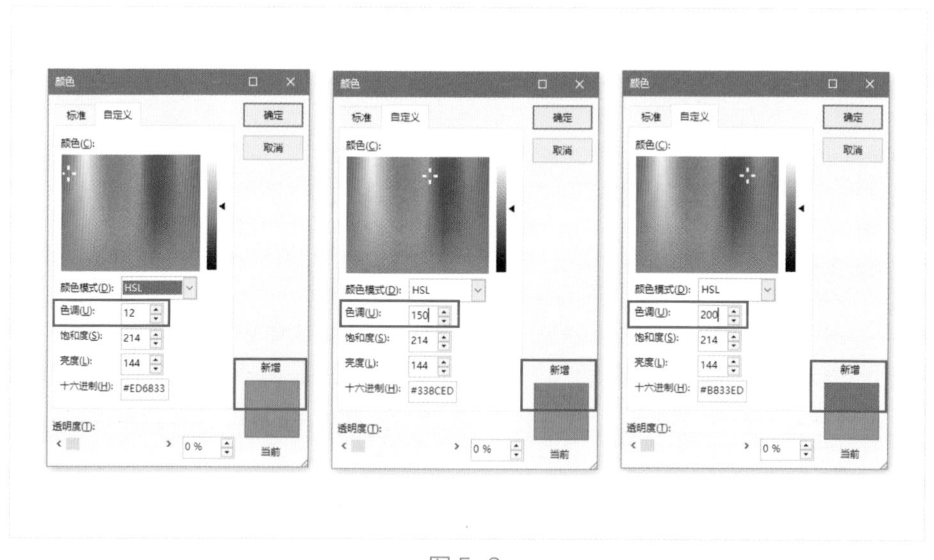


图 5-3

## 2. 饱和度（Saturation）

饱和度指的是颜色的鲜艳程度，也叫纯度、彩度。饱和度越高，颜色越鲜艳、越纯；饱和度越低，颜色越暗浊。在做 PPT 时，有个图片编辑手法叫“去饱和”，就是把图片变成黑白图片。如果图片失去饱和度，就变成黑白的了。如果颜色失去饱和度，就变成灰色的了，如图 5-4 所示。

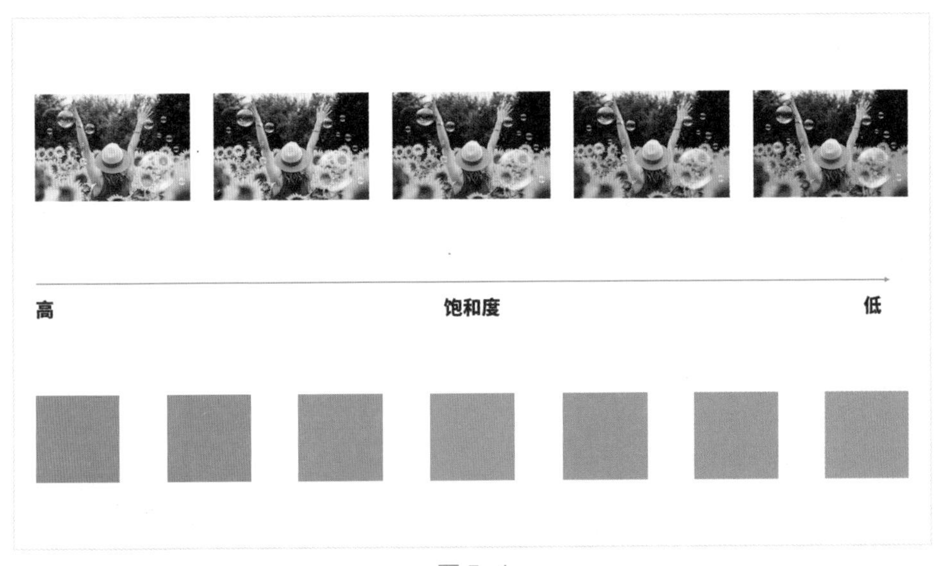


图 5-4

饱和度在 PPT 中的数值范围为 0 ~ 255，当数值为 0 时是灰色的，当数值为 150 时饱和度适中，当数值为 255 时饱和度最高，此时因为饱和度太高容易刺眼，如图 5-5 所示。

## 3. 亮度（Lightness）

亮度也叫“明度”，可以被通俗地理解为明亮程度。我们把手机屏幕的亮度调得越高，手机屏幕的颜色越接近于白色；把亮度调得越低，手机屏幕的颜色越接近于黑色。图片也如此，亮度越高，图片越容易泛白；亮度越低，图片越容易呈现黑色。在色彩中，颜色的亮度越高，越接近于白色，亮度越低，越接近于黑色，如图 5-6 所示。

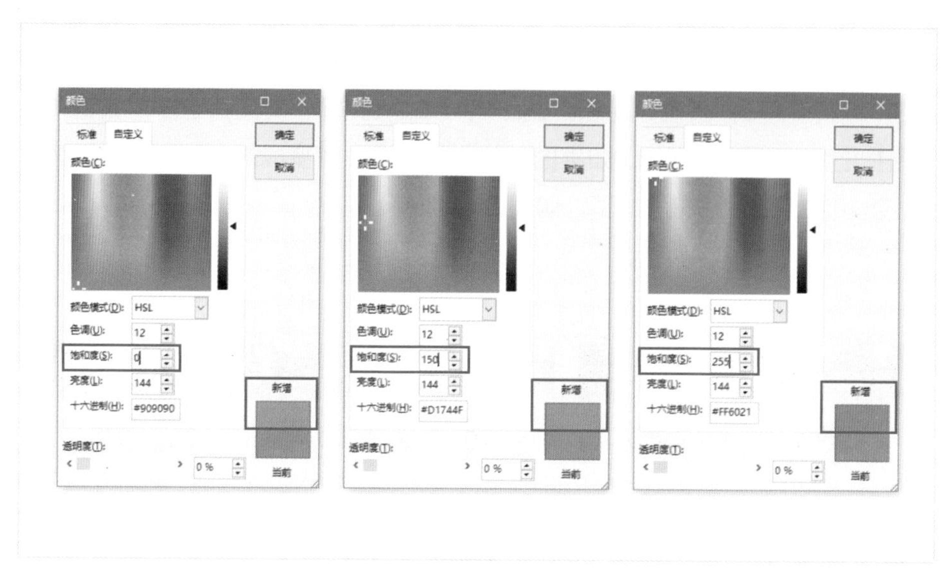


图 5-5

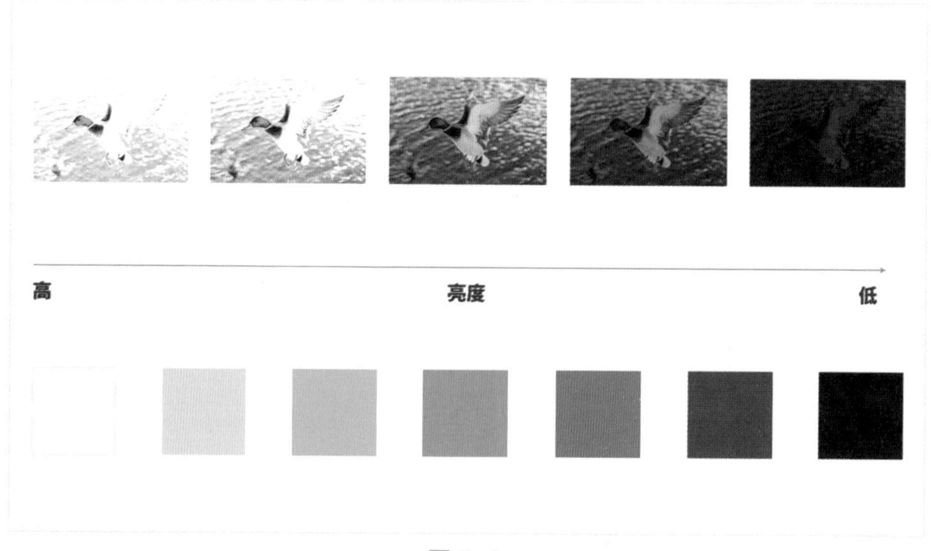


图 5-6

亮度在 PPT 中的数值范围为 0～255。当数值为 0 时，颜色会变成黑色，当数值为 255 时，颜色会变成白色，如图 5-7 所示。

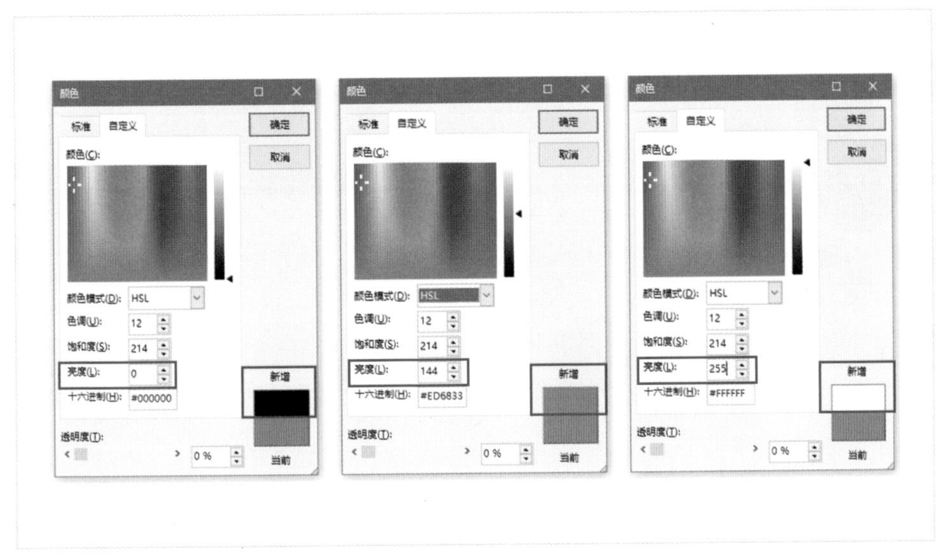


图 5-7

## 5.1.2　色彩关系

前面提到了色相，色相是由什么构成的呢？色相是以三原色（红色、黄色、蓝色）为基础，由各种颜色混合而成的。

### 1. 色轮

红色和黄色混合得到橙色，黄色和蓝色混合得到绿色，蓝色和红色混合得到紫色。我们将得到的颜色不停地两两混合，最后就会得到一个色轮，将色轮展开，就是“颜色”对话框中的取色区域，如图 5-8 所示。

### 2. 邻近色与对比色

在色轮上相邻的两个颜色就是邻近色（如红色和橙红色、浅绿色和黄色），相对的两个颜色就是对比色（如蓝紫色和橙黄色、红色和绿色），如图 5-9 所示。

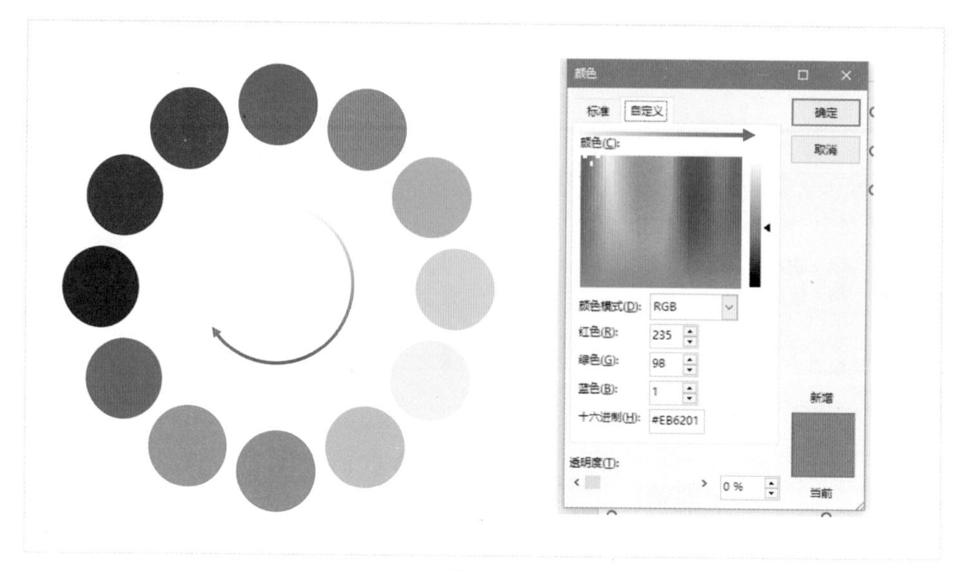


图 5-8

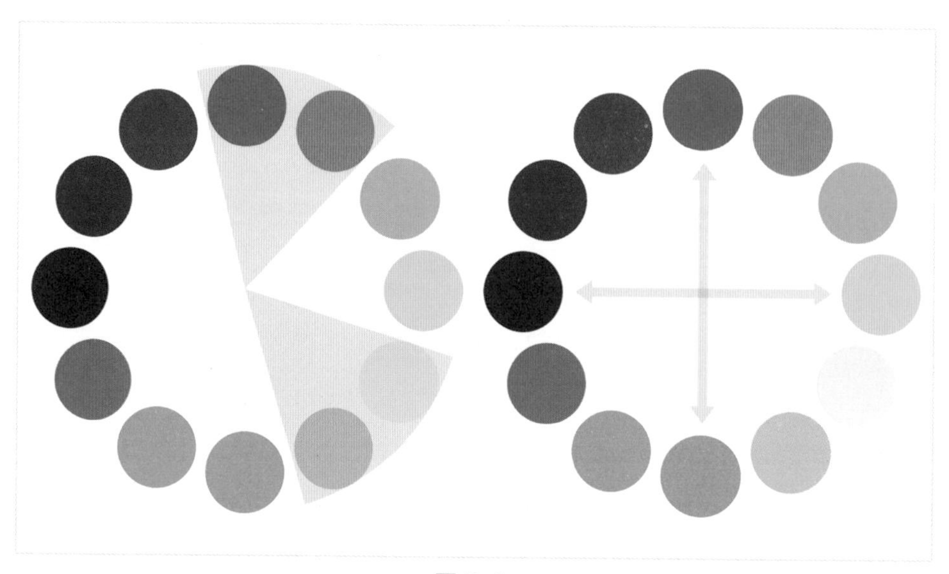

图 5-9

在 PPT 中，我们常用邻近色做渐变，无论取哪两种邻近色，搭配都不会冲突，如图 5-10 所示。

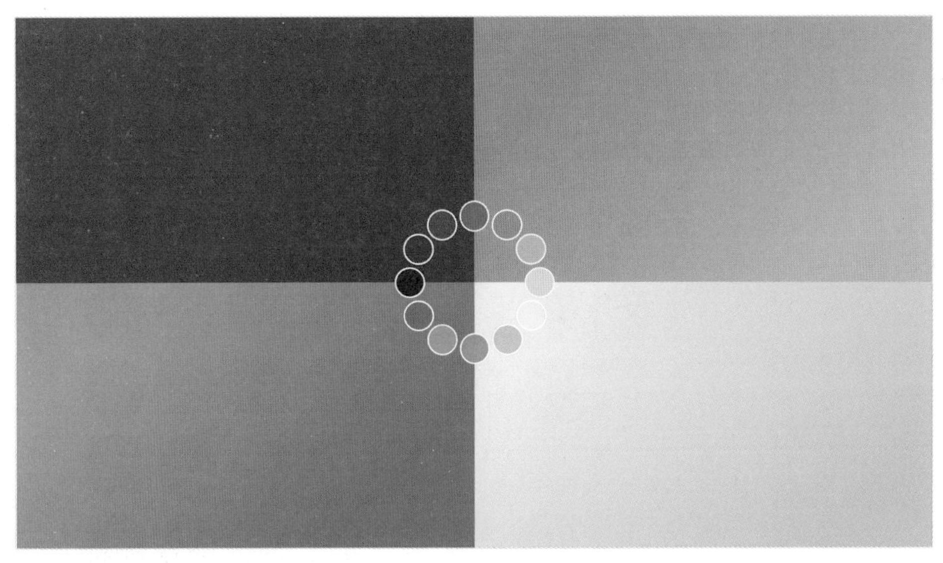

图 5-10

我们也常用对比色来增加对比度，当文字的颜色与背景色接近时，文字不易辨识，此时可以使用对比色增加反差，如图 5-11 所示。

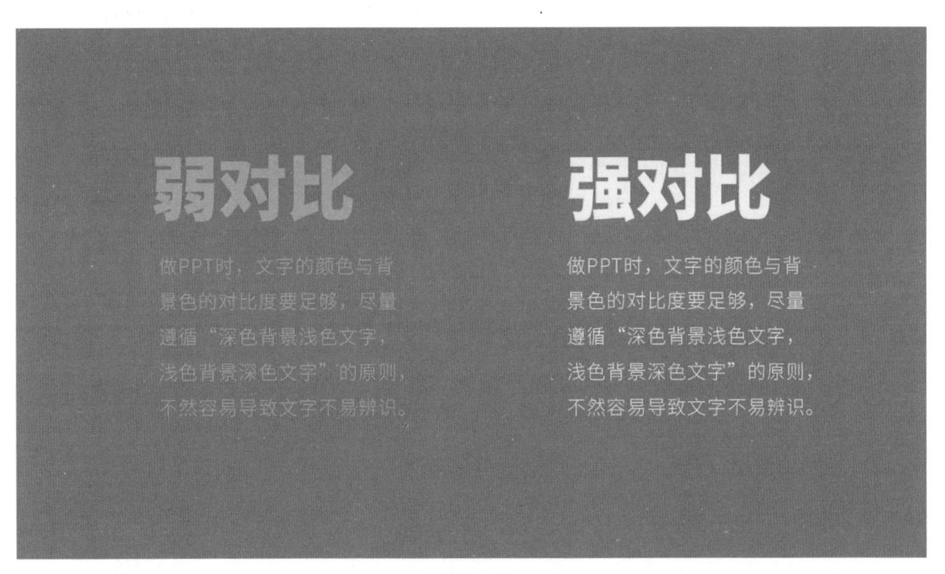


图 5-11

## 3. 同系色

同系色指的是，在选择一个颜色以后，色相的值不再发生变化，仅仅改变其亮度和饱和度而得到的新的颜色，如图 5-12（改变亮度）和图 5-13（改变饱和度）所示。

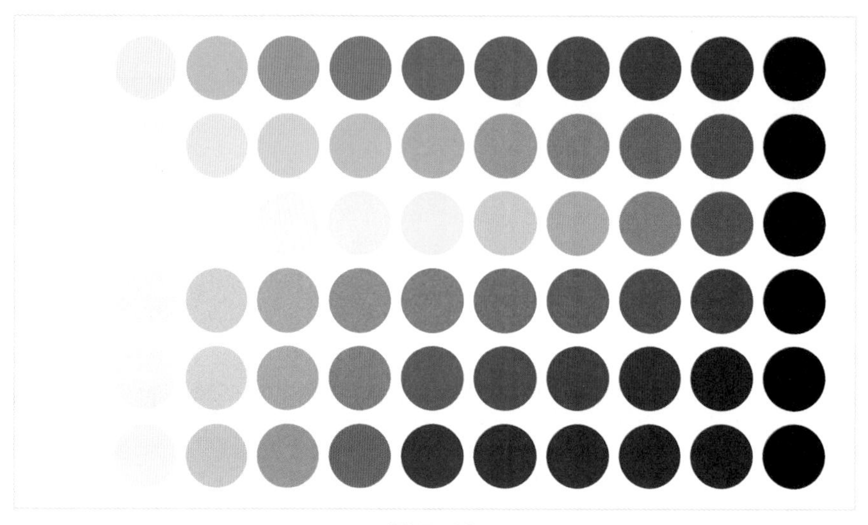

图 5-12

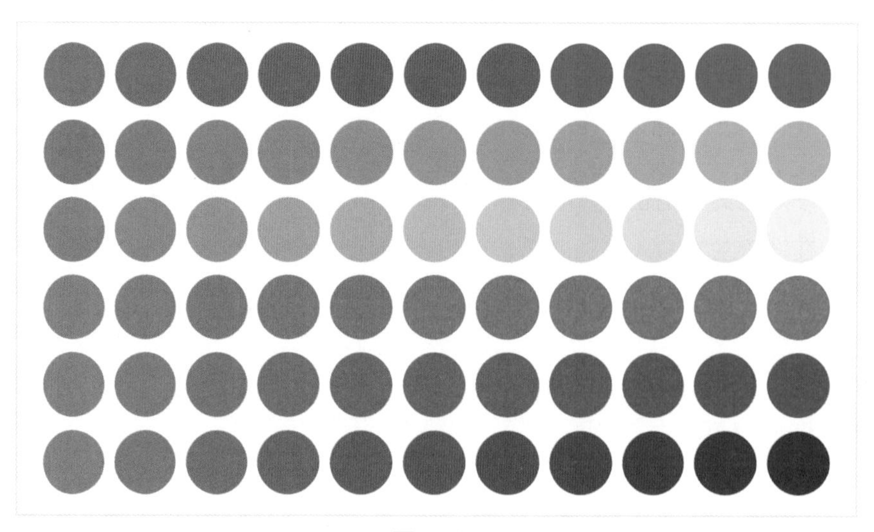

图 5-13

处于同一条水平线上的颜色，都是同系色。同系色之间进行色彩搭配，也是几乎不会冲突的。我们从图 5-12 和图 5-13 中可以看到，白色、黑色、灰色与任何颜色都属于同系色。所以，白色、黑色、灰色是 3 种百搭的颜色，适配所有颜色。

## 5.2　PPT配色方法

在知道了配色原理后，如何给 PPT 选择色彩呢？或者换句话说，PPT 应该选择什么颜色？

### 5.2.1　选择方向

我们做 PPT 的场景一般只有两种：①在单位做工作汇报。②阐述某个主题。

所以，颜色的选择就很简单。如果是工作汇报，就以企业的 Logo 色为基准来选择颜色。如果 PPT 中阐述了某个主题，就以这个主题的代表色为基准来选择颜色。

什么是主题的代表色？比如，环保主题的代表色是绿色，乡村主题的代表色也是绿色，科技主题的代表色是青色、蓝色，医学健康主题的代表色是绿色、蓝色。

如果你不知道某个主题的代表色是什么，那么有一个非常简单的方法。打开花瓣网，在搜索栏中输入主题名称，例如炸鸡，在后面再加上“海报”两个字，即“炸鸡海报”，搜索后的页面如图 5-14 所示。

你会看到很多关于“炸鸡”的设计作品，而这些作品几乎都用了橙色，那么橙色就是“炸鸡”这个主题的代表色。

再如，荣誉，同样搜索“荣誉海报”，如图 5-15 所示。

图 5-14

图 5-15

虽然这个页面中的颜色不是统一的，但大部分使用了红色，所以“荣誉”这个主题的代表色就是红色。对于其他主题，有时我们搜索出来的颜色并不是统一的，那么取颜色出现较多的为代表色。

现在的很多设计作品，能够发布在网上并获得一定的热度，说明其设计遵循了一定的原则和标准，才能得到广泛的认同。我们直接参考这样已经获得“认可”的代表色，相当于直接得到正确答案。把这个颜色运用到 PPT 中是绝对不会出错的。

此外，我们在做 PPT 时，有些时候对颜色的要求并没有那么严格。因为我们的观众往往不是专业的设计师，对颜色的要求没有那么高。只要颜色搭配看起来不刺眼、不冲突，这就是一个合格的配色方案。我们在选择颜色时大体上遵循这个方向，但有时可以跳脱出来，尝试使用不同的方案。

## 5.2.2 单色配色法

单色配色法是最简单的配色法，即选定一个颜色之后，对通篇需要配色的地方就都使用这个颜色。注意：这个颜色指的是有彩色（红色、橙色、黄色、绿色、青色、蓝色、紫色），而不是无彩色（黑色、白色、灰色）。

这个配色方法非常简单且出错的概率很小，单一的有彩色和黑色、白色、灰色不会产生搭配冲突。即使是没有基础的配色“小白”也能掌握这个配色方法。它的缺点也很明显，单一的有彩色使页面较为平淡，缺乏对比和变化。

### 1. 注意事项

在使用单色配色法时有两个注意事项：①文字的颜色和背景色要有对比。②当背景是浅色的时，文字的颜色的饱和度不能过高，如图 5-16 所示。

在图 5-16 中，左上角的文字的颜色选取了亮度和饱和度都很高的黄色，与背景的白色过于接近，缺乏对比，导致文字无法看清。我们调整了右上角的文字的颜色，选择了亮度和饱和度都较低的橙色，与背景的白色有了对比，这个问题就被解决了。我们也可以不改变文字的颜色，像左下角一样，把背景色变成黑色。总之，只要增加文字的颜色和背景色的对比，就能保证文字的辨识度。但还有一个问题是，右下角的文字的颜色同样与背景色有强烈对比，为什么不可以这样做呢？

图 5-16

那是因为这个颜色的饱和度太高，在白色的背景上，显得有些刺眼。教你一个方法，把你的颜色填充为整个幻灯片的背景色，如图 5-17 所示。

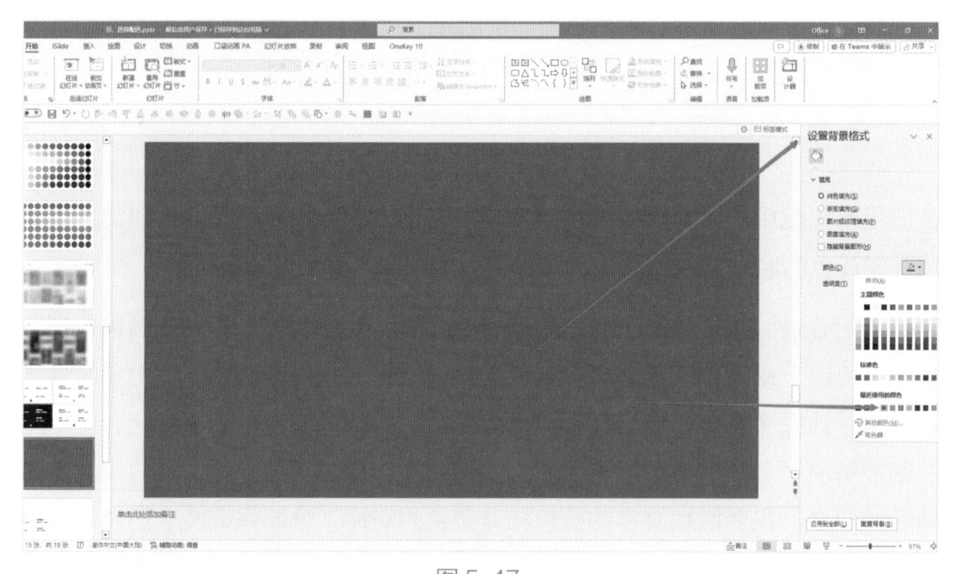


图 5-17

此时，进入幻灯片放映状态，如果这个颜色看起来让你的眼睛很不舒服，就不要用在白色的背景上。

## 2. 配色案例

案例 1：我们来给如图 5-18 所示的这页 PPT 选择颜色。

图 5-18

分析：这是给某集团做的一页 PPT，那么我们就可以从这个集团的 Logo 上选择颜色。它的 Logo 有两种颜色，以蓝色为主，以绿色为点缀。我们就首选蓝色，将蓝色填充进形状里，得到如图 5-19 所示的 PPT。

如果我们选择绿色呢？其实整体效果也是可以的，如图 5-20 所示，只不过从信息辨识度上来讲，蓝色更胜一筹。

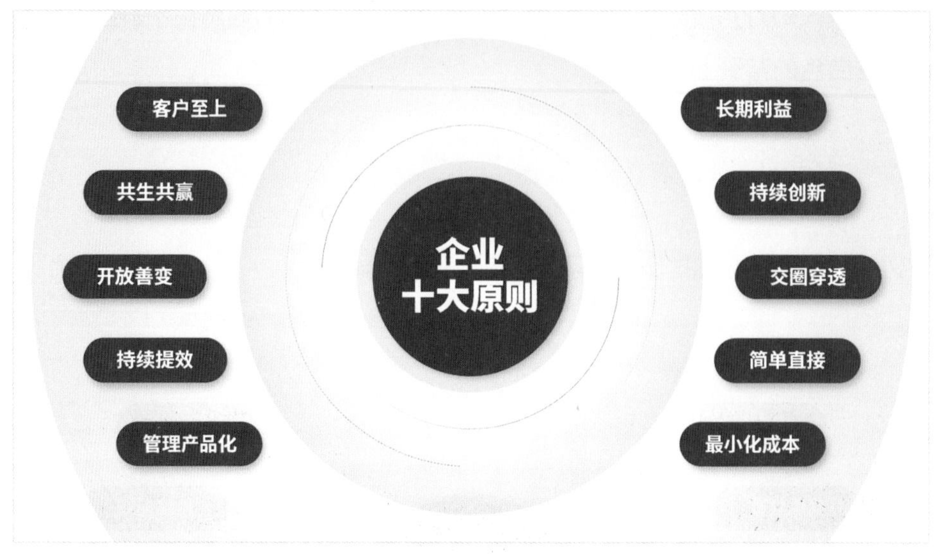


图 5-19

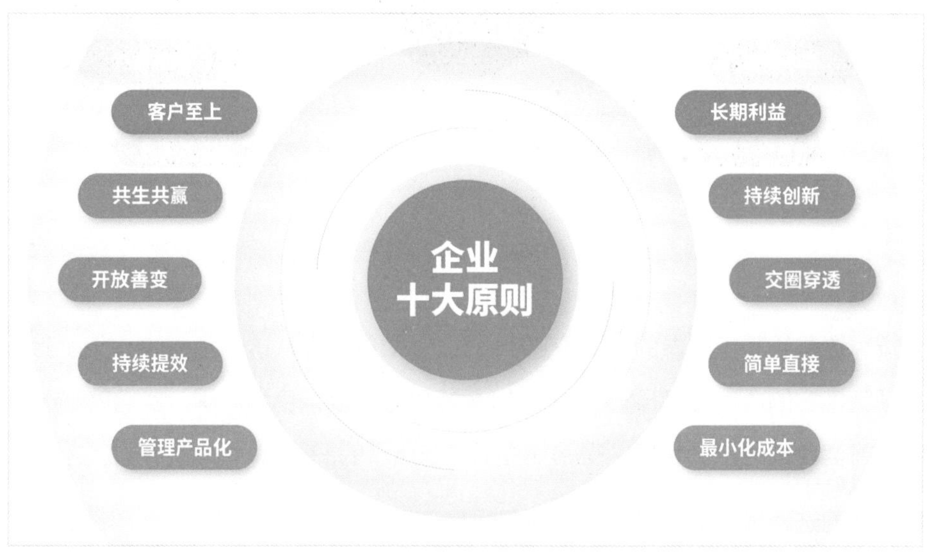


图 5-20

案例 2：如图 5-21 所示，这是一页关于乡村发展的 PPT。

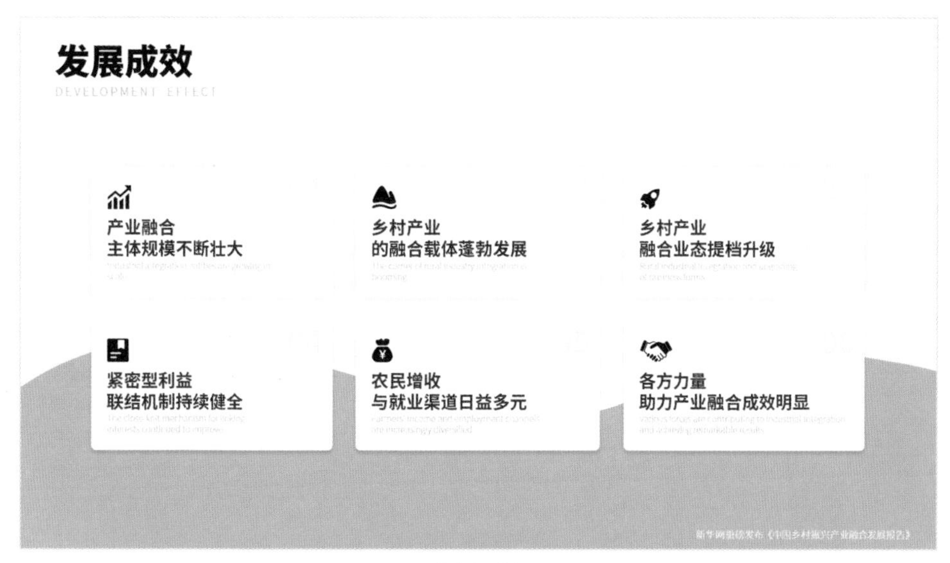


图 5-21

分析：这页 PPT 并不是给某个单位做的，而是提到了某个主题：乡村发展。乡村发展的代表色是绿色，所以我们应该选择绿色，但是绿色也有很多种，我们应该怎么选择呢？

前面讲到主题的代表色时，我们介绍了利用花瓣网搜索并找到主题的代表色。我们可以把它里面的作品保存到 PPT 中，用 PPT 的取色器功能直接从作品中取色。例如，找到一张与乡村发展有关的图片，直接从图片上取色，如图 5-22 所示。

图 5-22

注意：在取色时要牢记前面提到的注意事项，不可以取与背景色过于接近的颜色。这里的案例的背景色是白色，如果我们再取红圈处的浅绿色，就会影响文字的辨识度，如图 5-23 所示。

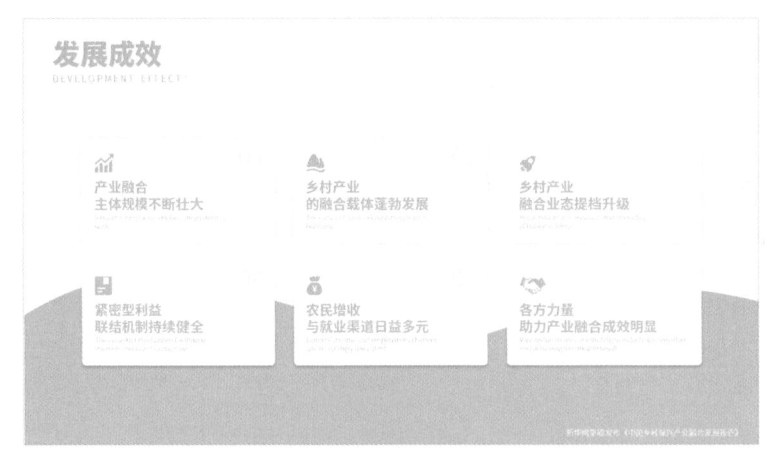


图 5-23

如果把颜色换成白圈处偏深的绿色，就合理多了，如图 5-24 所示。

图 5-24

## 5.2.3 渐变配色法

单色配色法过于单调，使页面缺乏层次感。我们可以尝试使用渐变配色法。

## 1. 选择颜色

渐变配色法需要选择两种颜色，先根据我们的选择方向选择第一种颜色。第二种颜色有两种选择，一是选择第一种颜色的邻近色，二是选择第一种颜色的同系色。用这两种颜色来做渐变。如图 5-25 和图 5-26 所示，与单色配色法相比，这样的配色方法使得页面更丰富。

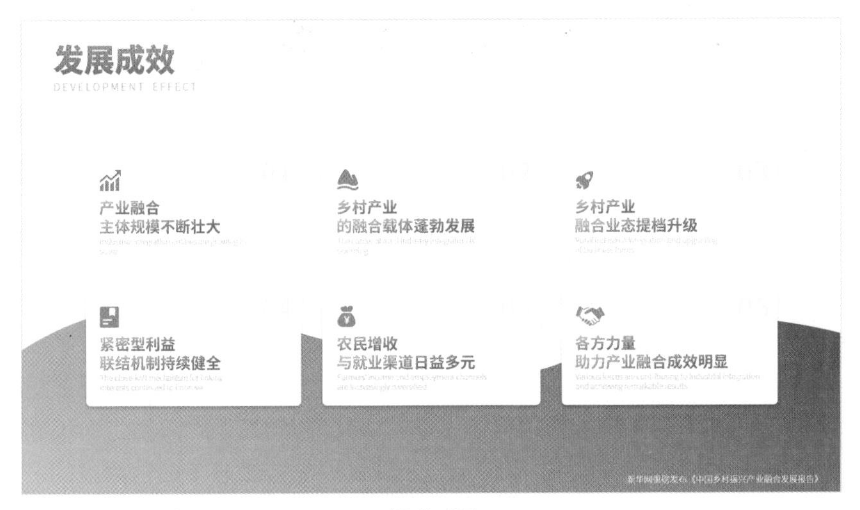


图 5-25

图 5-26

## 2. 配色案例

案例 1：图 5-27 所示为一页关于人工智能的 PPT。

图 5-27

分析：这是一页关于人工智能的 PPT，人工智能属于科技主题，科技主题的代表色是青色、蓝色，所以这页 PPT 可以从这两个方向着手。青色的饱和度比较高，颜色偏亮，与背景的白色过于接近。如果我们想要做一个白色背景的 PPT，就不能选择青色，只能选择蓝色，所以渐变配色法的第一个颜色就选择了蓝色。第二个颜色选择邻近色“紫色”，就得到了图 5-28。

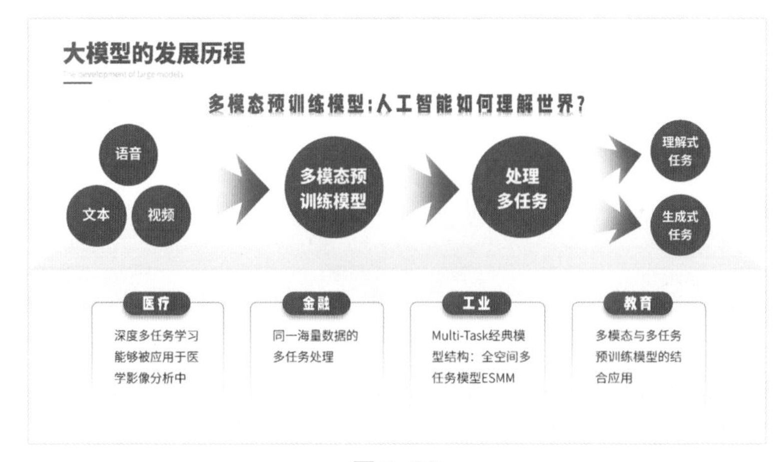


图 5-28

如果第二个颜色选择同系色的浅蓝色，就得到了图 5-29。

图 5-29

这里再讨论一下科技风格的 PPT。通常来说，这类 PPT 的背景以深色的居多，浅色的较少。从整体的表现效果考虑，深色背景更具冲击力。所以，对于前面提到的两种代表色“青色和蓝色”，我们选择青色。这样会在深色背景上有更突出的表现，如图 5-30 所示。

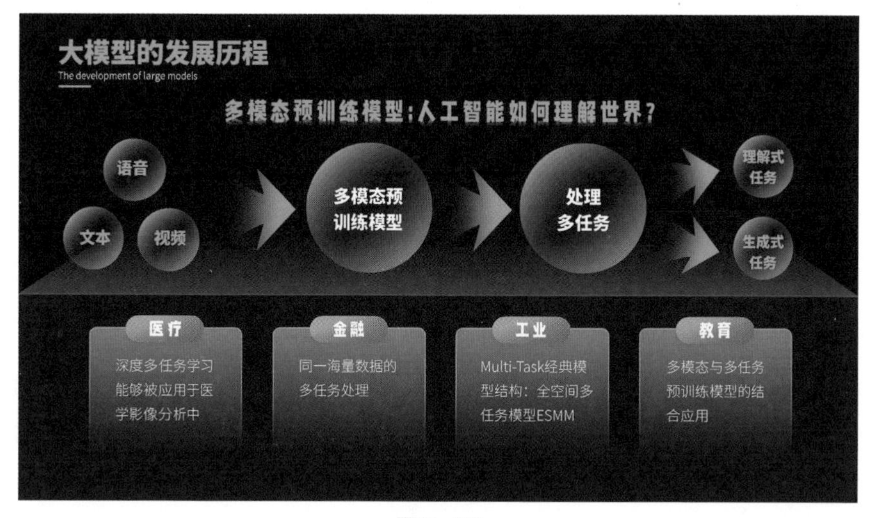


图 5-30

注意：这里也做了青色和蓝色的渐变，而青色和蓝色本身就是邻近色。

案例 2：图 5-31 所示为与短视频相关的 PPT。

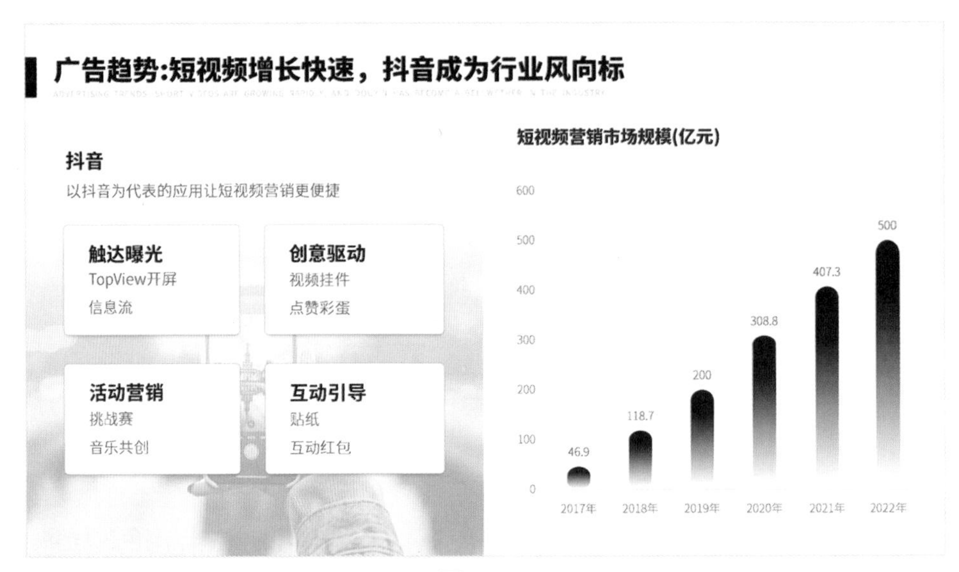


图 5-31

分析：这页 PPT 是与短视频相关的，其中提到了明确的代表单位。所以，我们既可以从行业出发来考虑颜色，也可以从企业的 Logo 色出发来考虑颜色。如果从行业出发，那么短视频是一个节奏比较快、内容比较丰富的主题，所以这个主题的颜色应该是比较活泼明快的，例如橙色、黄色、红色。如果从企业的 Logo 色出发，那么可以选择 3 种颜色：青色、红色和黑色。黑色是无彩色，不进入选择范围。在白色背景上，我们不考虑青色。红色呢？Logo 的颜色不是百分百适合的，有时候会出现颜色饱和度和亮度都过高的情况，如果使用这个颜色，整个页面就会显得不协调，如图 5-32 所示。这个颜色过于鲜亮了，容易让人产生视觉疲劳。

如果 Logo 上的红色的饱和度和亮度太高，过于刺眼，那么我们可以手动减小其数值到适合的范围。调整后的颜色与原来的颜色差距不大，不会改变页面的风格，再搭配同系浅色做渐变，从视觉效果上来说更适合观看，如图 5-33 所示。

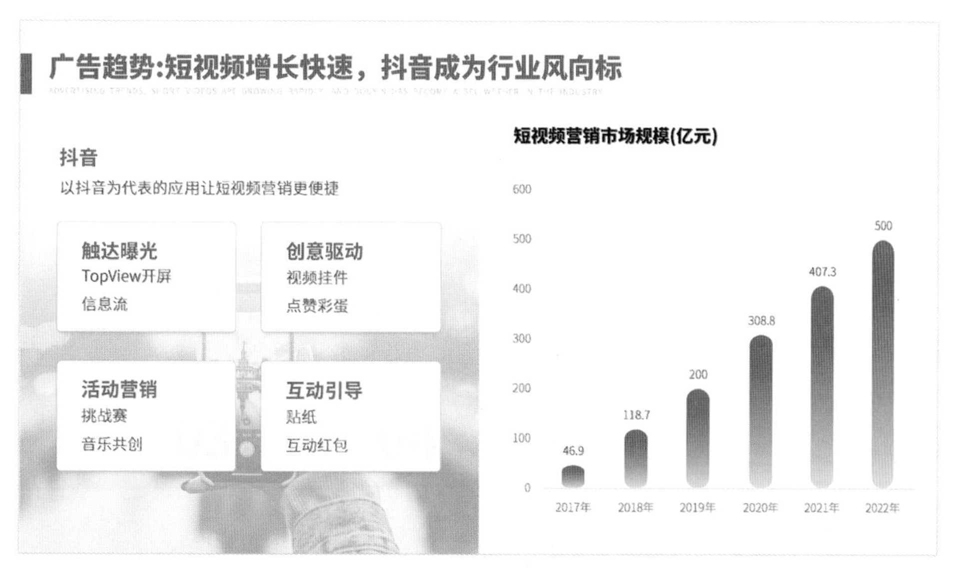


图 5-32

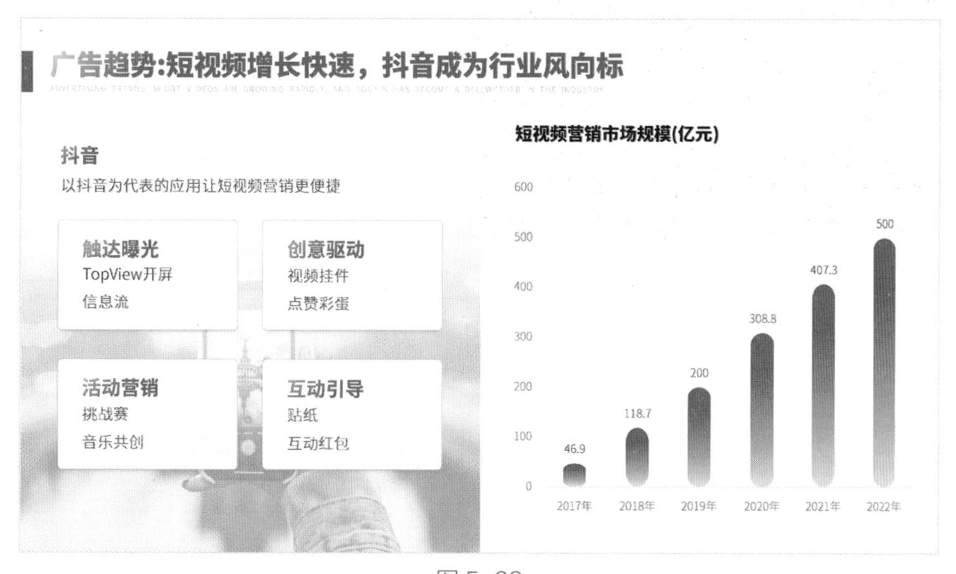


图 5-33

### 5.2.4 对比配色法

对比配色法是指用两个对比强烈的颜色来配色。

## 1. 对比色的定义

对比不仅指前面提到的“色相对比”（色轮上相对的两个颜色），还指低饱和度与高饱和度对比、低亮度和高亮度对比。有时候会将这些对比综合运用，比如低亮度和高饱和度对比，如图 5-34 所示。

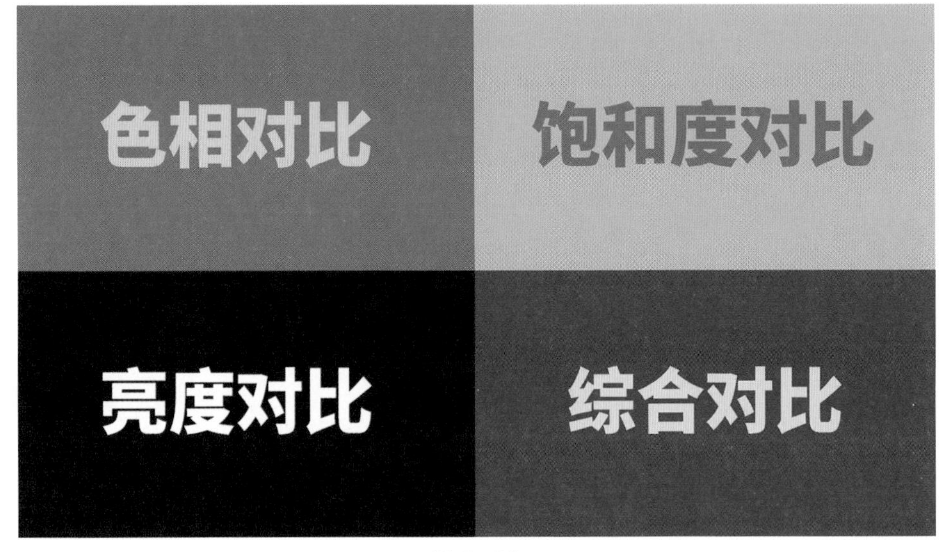


图 5-34

在 PPT 中直接调整饱和度和亮度，把数值调大和调小就能得到对比效果。色相对比却不能这么做。例如，当色相数值为 100 时，我们得到的是绿色，当色相数值为 150 时，我们得到的是蓝色。在饱和度和亮度相同的情况下，绿色和蓝色并不是对比色。

用什么方法可以得到已知颜色的对比色呢?

在前面介绍过，色相、饱和度、亮度在 PPT 中是有数值的，最大值是 255，最小值是 0。如果将色相的数值分布在色轮上，红色对应的数值是 0，橙黄色对应的数值是 63.75，绿色对应的数值是 127.5，蓝紫色对应的数值是 191.25，而回到原点的 255 又对应的是红色，如图 5-35 所示。

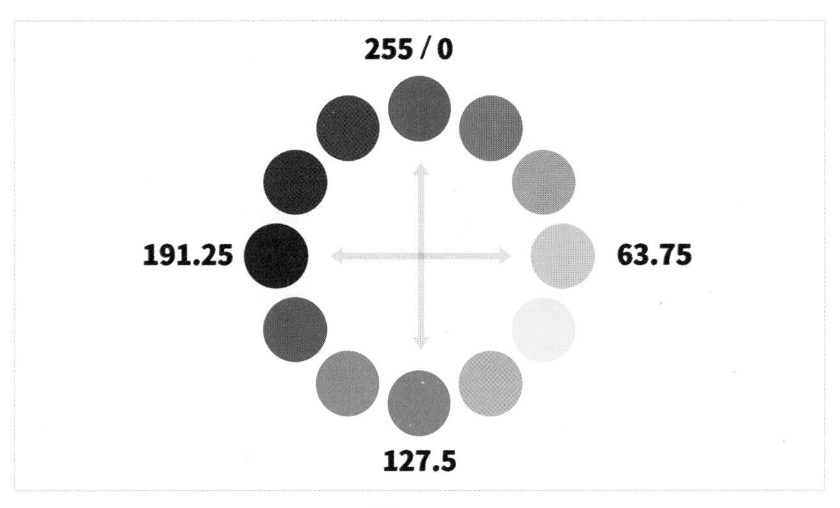


图 5-35

对比色在色轮上是相对的，而相对的两个颜色的色相数值相差 127.5。所以，我们在已知颜色的色相数值上加上 127.5 或者减去 127.5，就能得到该颜色的对比色。

加和减都可以，但是色相数值最大是 255，如果数值原来是 200，再加上 127.5 就等于 327.5，远远超过了 255，此时就需要减掉 255，才能得到可以填写的数值。所以，为了计算方便，当色相数值大于 127.5 时，减去 127.5 得到对比色。当色相数值小于 127.5 时，加上 127.5 得到对比色。口诀："大减小加"。

注意：PPT 中的色相数值无法输入小数点，取整即可。

## 2. 对比色的意义

为什么要介绍对比配色法呢？不是说单色配色法既简单又不容易出错吗？

单色配色法和渐变配色法虽然简单，但是可以调用的颜色太少了。只用一个颜色，在很多时候确实能够达到突出重点的目的，如图 5-36 所示。

为了完善这个页面，我们后续可能会添加一些其他元素，例如在这个页面的上方添加一个矩形色块，如图 5-37 所示。

图 5-36

图 5-37

如果使用单色配色法，那么我们只能为添加的矩形色块选择蓝色。原来使用蓝色文字是为了进一步突出重点，但此时文字和后面的色块融为一体了。略有经验的人肯定知道此时应当将文字反白，如图 5-38 所示。

图 5-38

但反白后的标题与正文同色，失去了色相对比效果。此时，我们就可以把标题的颜色换成与背景的蓝色对比强烈的黄色，如图 5-39 所示。

图 5-39

注意：由当前的蓝色的色相数值减去 127.5 得到的黄色与当前的蓝色的对比并不十分强烈，可以进一步调整所得的黄色的饱和度和亮度，加强对比。

## 3. 配色案例

案例 1：图 5-40 所示为与历史相关的 PPT。

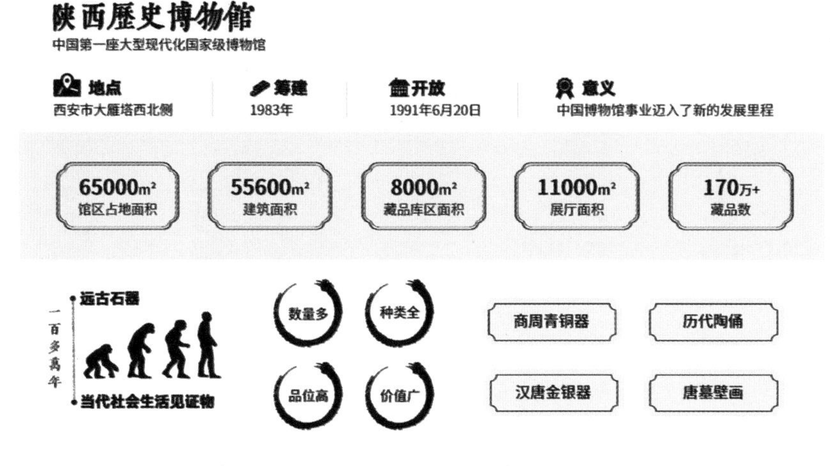


图 5-40

分析：这页 PPT 是介绍历史博物馆的，属于中国风这个大主题。国风类型的主题作品，大多采用红色为主题色，所以第一个颜色选择红色。在页面中，所有重要的地方都可以用红色来标注，如图 5-41 所示。

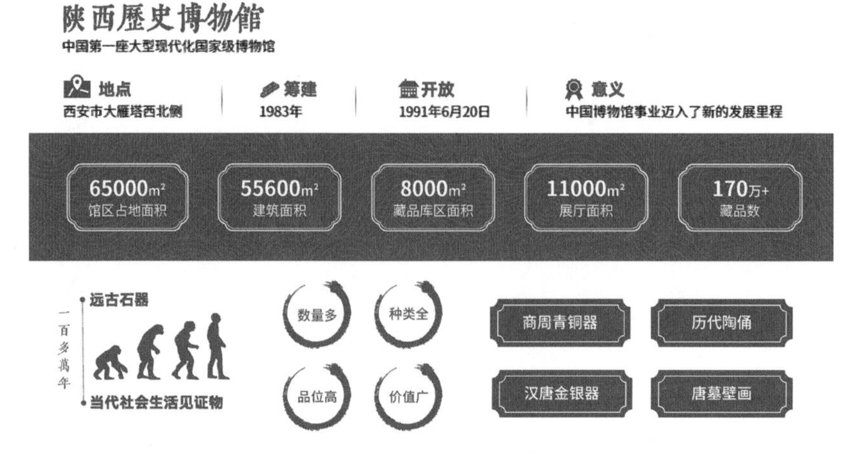


图 5-41

这样的配色非常和谐，但是页面略显粗糙。我们加入黄色作为对比色，进一步区分重点，而且页面显得精致很多，如图 5-42 所示。

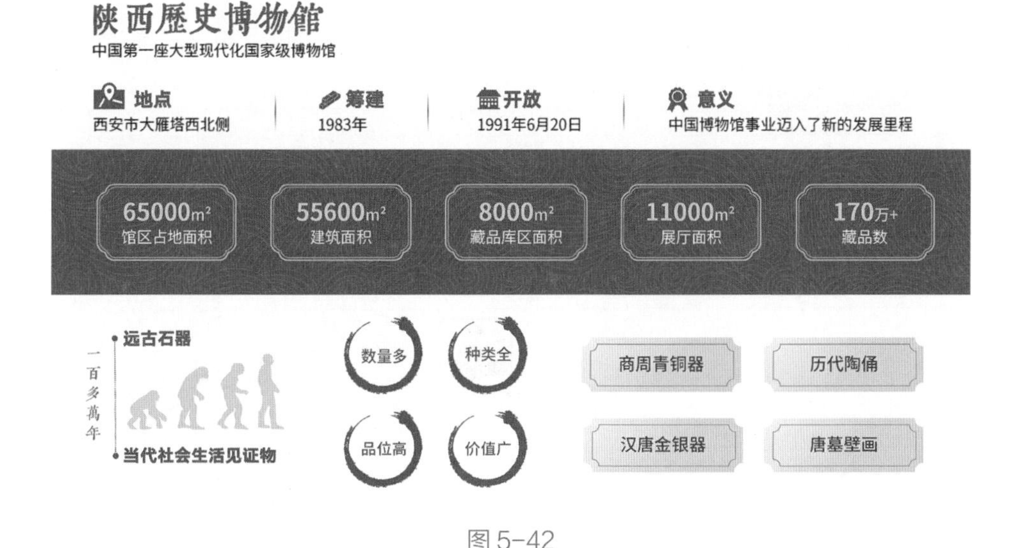


图 5-42

案例 2：图 5-43 所示为一页关于电子工业出版社的企业简介 PPT。

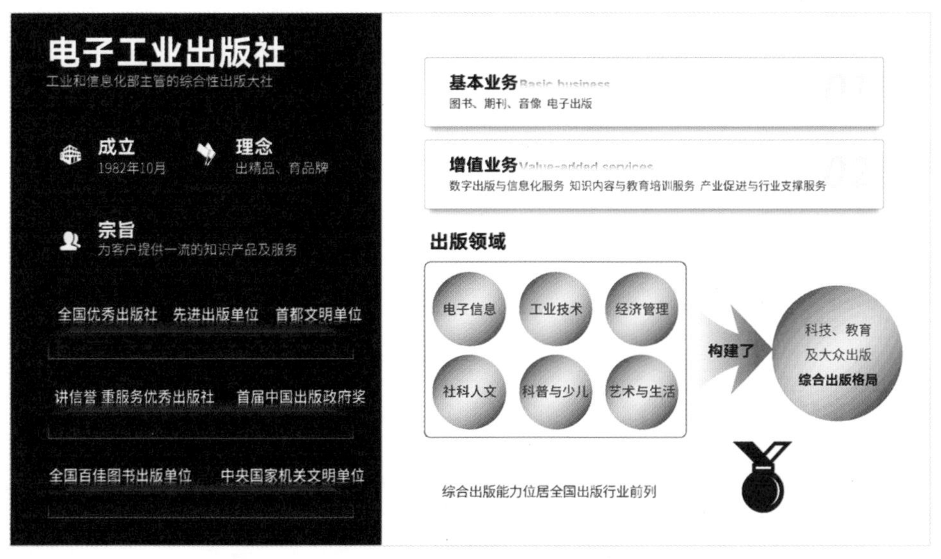


图 5-43

分析：这是一页给出版社做的 PPT，那么颜色的选择就要从出版社的 Logo 色出发。从图 5-44 所示的出版社官网上可以知道，出版社的 Logo 是黑色的，那么这里的主题色应该用黑色吗？

图 5-44

我们在前面讲过，无彩色（黑色、白色、灰色）不参与配色的选择。即使 Logo 是黑色的，我们也是不能用的，可以看一看官网的配色，如图 5-45 所示。

图 5-45

网页的标题栏部分用的是蓝色，我们可以选择蓝色作为主题色。如果用单色配色法，我们就能得到如图 5-46 所示的 PPT 页面。

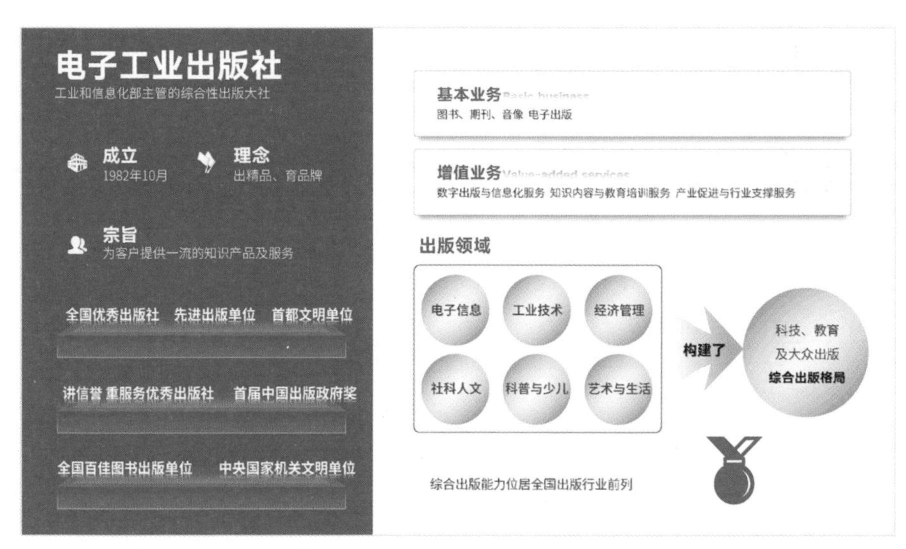


图 5-46

如果我们用蓝色来选择对比色，那么直接得到的对比色会导致蓝色色块上的文字看不清，如图 5-47 所示。

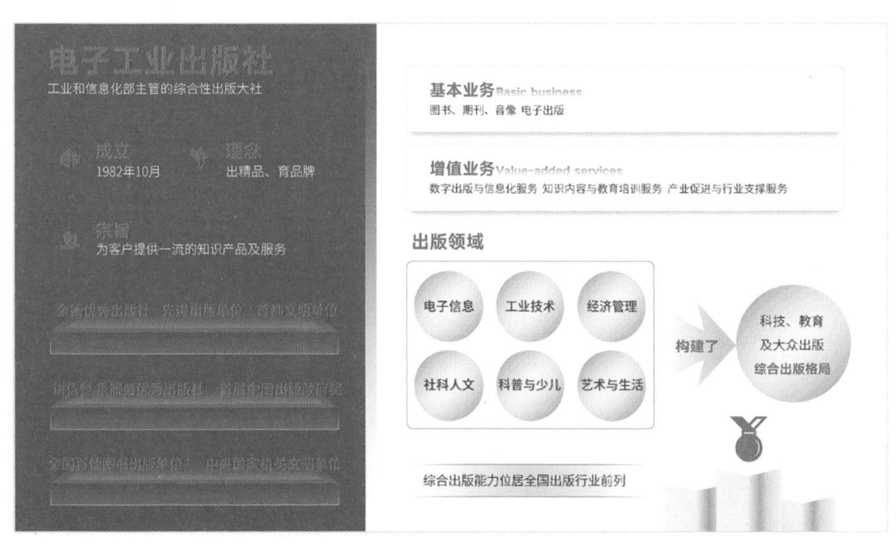


图 5-47

此时，我们可以在棕色的基础上增加饱和度和亮度，加强对比，得到更亮的金色，如图 5-48 所示。

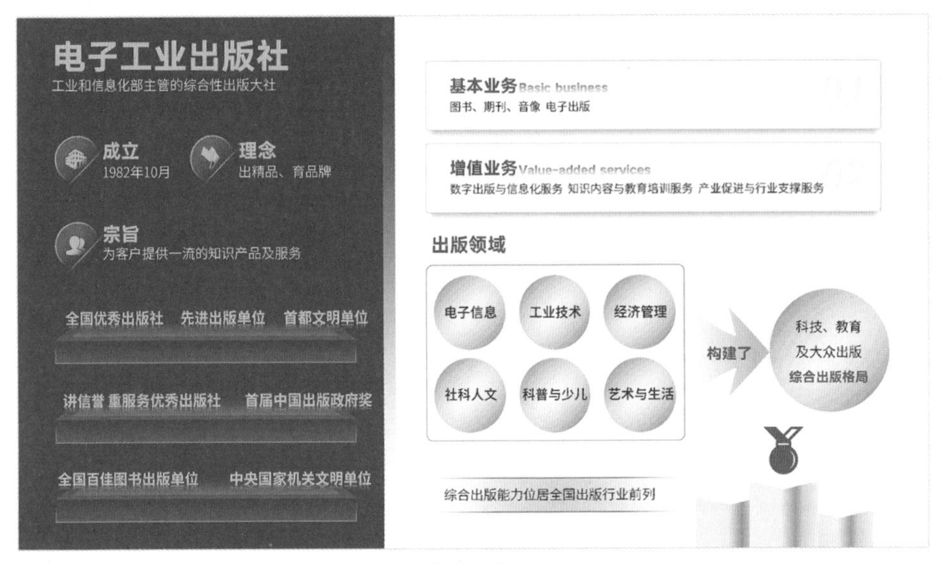


图 5-48

# 第 6 章 修饰细节

通过前面介绍的分析内容、确定布局、设置字体、进行配色，我们拟定了一个 PPT 页面的基础框架，能确保内容呈现是没有问题的。要想把 PPT 做出设计感，就少不了修饰细节。可以从哪些方面修饰细节呢？下面详细展开介绍。

# 6.1 对标题的修饰

对标题的修饰分为两种，一种是对标题栏的修饰，另一种是对标题本身的修饰，如图 6-1 所示。

图 6-1

标题栏将页面上方的空间全部占据，我们常常在一些工作汇报 PPT 模板中看到这样的做法，它的优点是在视觉上形成了一个框架，让页面上的内容显得更整齐、更具有规划性，它的缺点是显得呆板，内容不能突破顶部空间。

对标题本身的修饰，是指在标题附近添加一些形状或者字符之类的元素，其占据的空间几乎就只有标题附近的区域。在其他没有占据的空间，仍然可以放置元素，或者做一些突出页面的设计。

## 6.1.1 标题栏的常见样式

图 6-2 和图 6-3 所示为一些标题栏的常见样式。

图 6-2

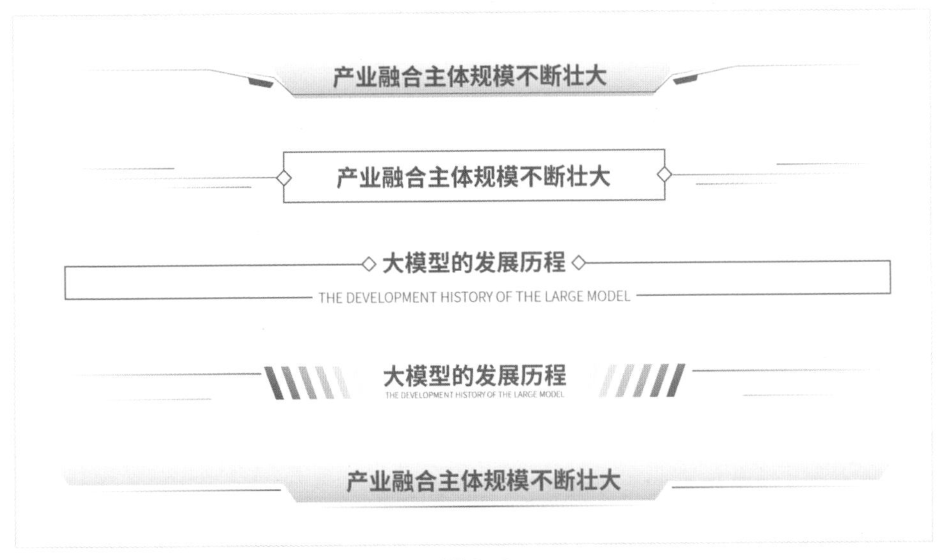


图 6-3

标题栏的样式非常多，这里只举一部分例子。这样的标题栏可以在一些 PPT 作品中看到，也可以在一些平面设计作品中看到。你可以创建一个 PPT 文件，把平时看到的好的样式截图保存在 PPT 文件里。在做 PPT 时，这些素材就能给你提供一些灵感。

### 6.1.2 标题的常见样式

图 6-4 所示为标题的常见样式。

图 6-4

其实总结一下，对标题的修饰无非就是任意组合中文字符、英文字符、形状及线条这 4 种元素。你可以多尝试，发现更多的可能性。

## 6.2 对信息组的修饰

信息组指的是 PPT 中的一个信息单元组，通常是一个标题及其对应的详细内容，或者是一组重点数据，又或者是一张架构图。

我们通常会给一个信息组添加一个“框”，以保证其结构不至于太零散。同时，当页面中存在多个相同的信息框时，页面能显得更整齐、更有序。

那么信息框有哪些格式呢？下面罗列了一些常见的信息框，如图 6-5 和图 6-6 所示。

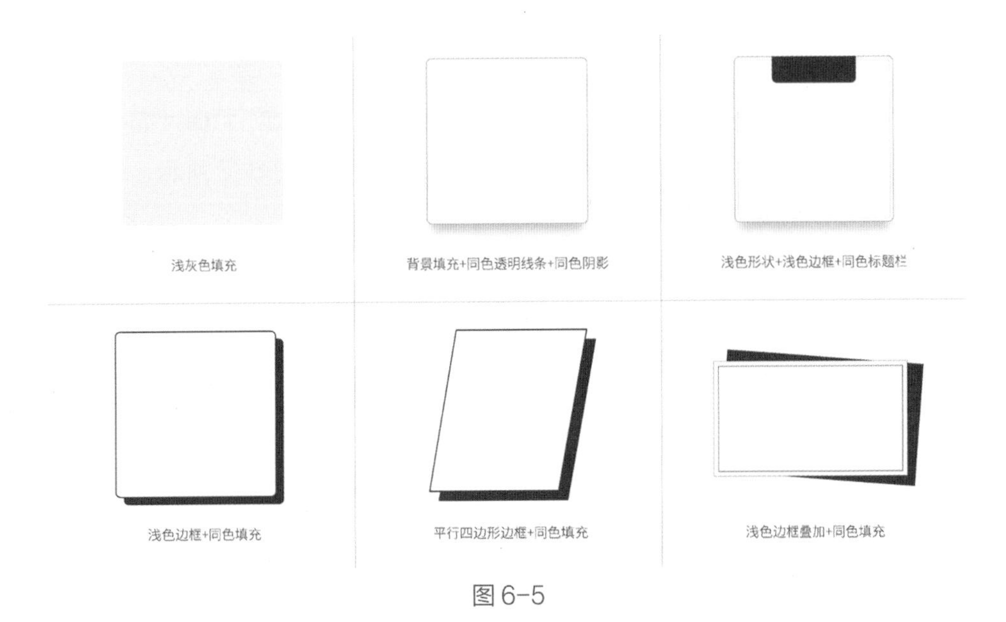
浅灰色填充
背景填充+同色透明线条+同色阴影
浅色形状+浅色边框+同色标题栏
浅色边框+同色填充
平行四边形边框+同色填充
浅色边框叠加+同色填充

图 6-5

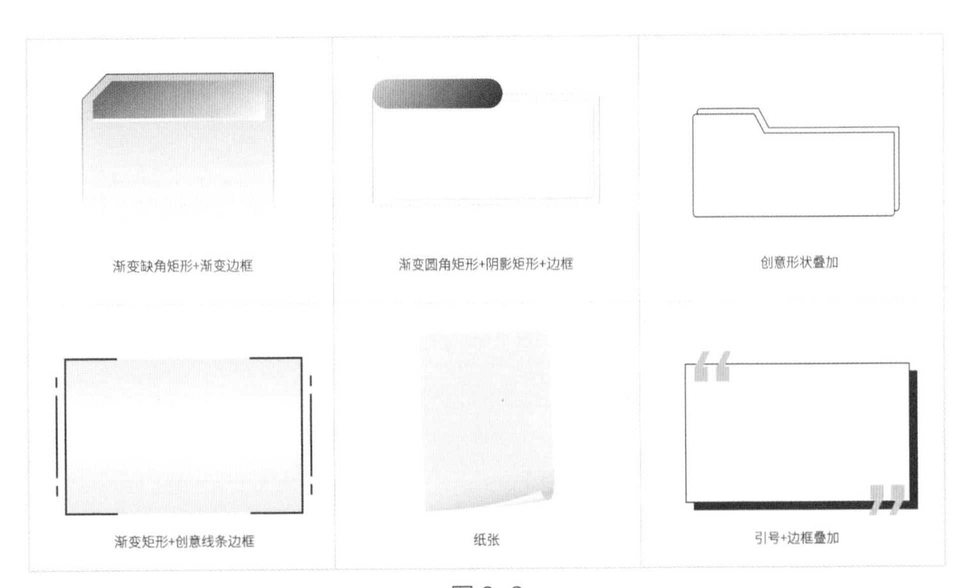
渐变缺角矩形+渐变边框
渐变圆角矩形+阴影矩形+边框
创意形状叠加
渐变矩形+创意线条边框
纸张
引号+边框叠加

图 6-6

# 6.3 图标

图标是 PPT 中非常常见的元素，其整体构成非常简单且直观。它通过简化或者抽象化的方式，将复杂的概念转换为易于理解的符号，如图 6-7 所示。

| | | | | |
|---|---|---|---|---|
| 拐杖 a-cane | 学士帽 bachelor-cap | 博士帽1 bachelor-cap-one | 博士帽2 bachelor-cap-two | 背包 backpack |
| 棒球帽 baseball-cap | 篮球服 basketball-clothes | 腰带 belt | 靴子 boots | 领结 bow |
| 公文包 briefcase | 厨师帽 chef-hat | 儿童帽 children-cap | 内裤 clothes-briefs | 开衫 clothes-cardigan |
| 圆领衫 clothes-crew-neck | 纸尿裤 clothes-diapers | 手套 clothes-gloves | 手套 clothes-gloves-two | 卫衣 clothes-hoodie |
| 裤子 clothes-pants | 短裤 clothes-pants-short | 运动裤 clothes-pants-sweat | 短袖 clothes-short-sleeve | 滑冰鞋 clothes-skates |
| 西装 clothes-suit | 毛衫 clothes-sweater | 高领毛衣 clothes-turtleneck | 风衣 clothes-windbreaker | 衣架 coat-hanger |
| 通勤包 commuter-bag | 皇冠帽 crown-three | 钻石项链 diamond-necklace | 钻戒 diamond-ring | 钻石 diamonds |
| 尿不湿 diapers-one | 礼服长裙 full-dress-longuette | 眼镜 glasses | 眼镜 glasses-one | 手提包 handbag |
| 中式汉服 hanfu-chinese-style | 衣架 hanger-one | 帽子 hat | 头饰 headwear | 高跟鞋 high-heeled-shoes |

图 6-7

在 PPT 中，使用与信息相关的图标，能够提高信息的识别度和辨识度。观众在看到熟悉的图标时，能够快速理解作者的意图。本书前面的章节已经介绍了一些图标网站，因此这里不再赘述，你可以注意看后面具体的图标使用场景的完整案例。

# 6.4 对关键词的修饰

PPT 中的关键词需要突出展示。对于文字本身而言，我们常用的对比手法是放大、加粗、标红，但这都不如直接在文字后方加上载体直观，如图 6-8 所示。

图 6-8

在关键词后方加上载体，从视觉上扩大了词组的面积，更能吸引观众的注意。纯色圆是最普通的，还有非常多别具一格的创意形状可以用来充当载体。这不仅能加强对比，还能增强页面的设计感。下面列举一些常见的载体样式，如图 6-9 和图 6-10 所示。

图 6-9

图 6-10

## 6.5 用符号修饰

第 2 章介绍了内容之间的逻辑关系，常见的有总分（包含）、并列、时间、流程等。在做 PPT 时，我们经常会用一些符号强调这些关系。例如，图 6-11 中强调流程的箭头。



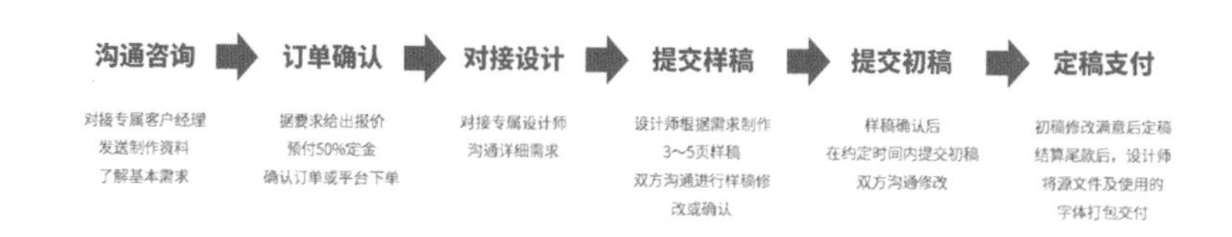


图 6-11

这些为了强调某种关系而存在的形状，被称为“符号”。我们除了可以用 PPT 自带的形状作为符号，还可以利用布尔运算和渐变做出一些创意效果，下面列举一些样式。

箭头符号：表示指示、递进、时间顺序、重点特指等，如图 6-12 所示。

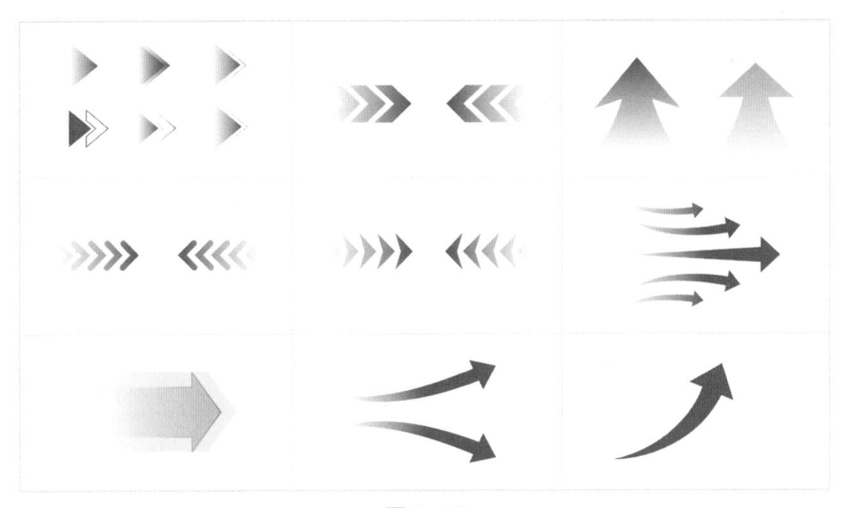

图 6-12

循环符号：用于架构图和表示关联性，如图 6-13 所示。

图 6-13

包含符号：表示包含关系、总分关系，如图 6-14 所示。

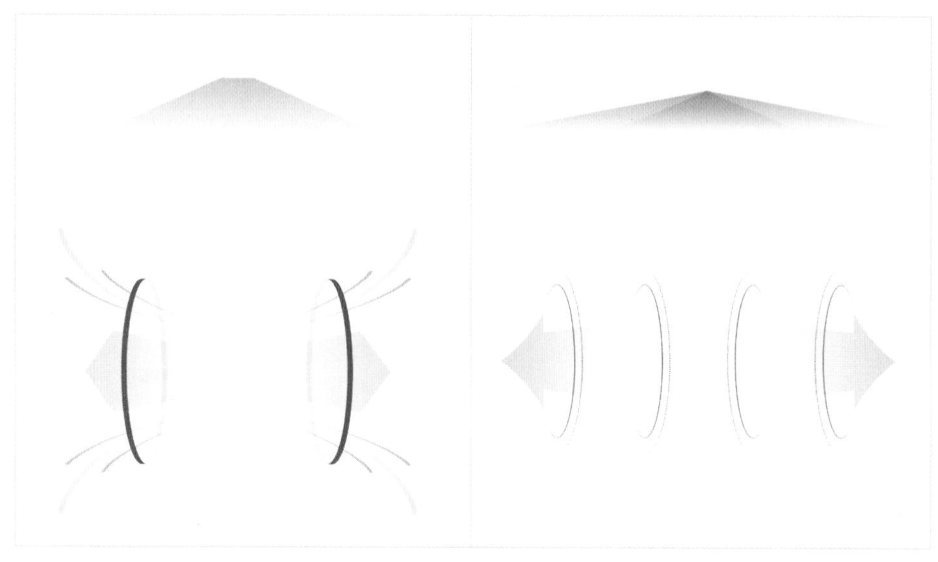

图 6-14

## 6.6 其他页面修饰元素

在 PPT 中，可以给图片添加图片框。对图片框的修饰和对信息组的修饰非常像，这里就不单独列举了。

还有一类信息代表了非常强的“荣誉感”。例如，取得的成就和名次、担任的职位、所获的奖项、被授予的称号、具有某种意义、有某种社会地位，这些都算荣誉信息。可以给荣誉信息添加麦穗图形作为修饰。我们可以从网站上找到一些麦穗图形，如图 6-15 所示。

这些现成的素材往往不方便调整颜色。这时，我们可以用两个圆相交后的图形拼成麦穗的形状，如图 6-16 所示。

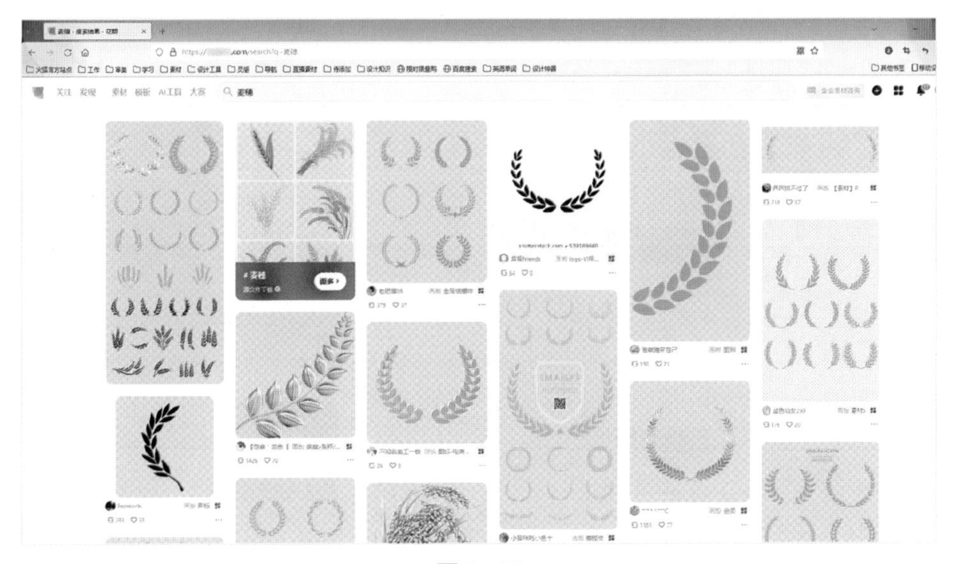

图 6-15

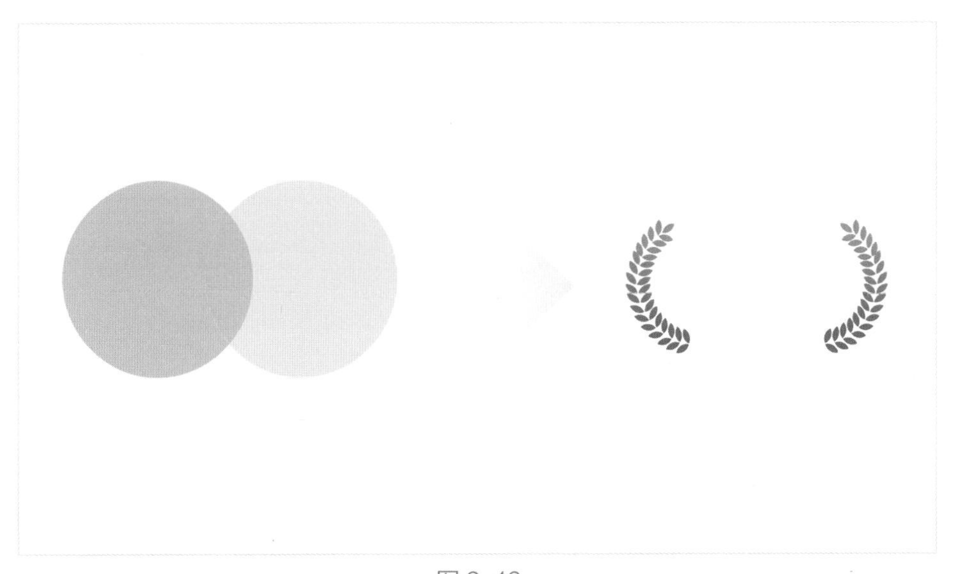

图 6-16

对于与“农业、植物、乡村”相关的主题，或者想要营造某种大气的氛围，我们还可以添加云朵。通常无法用 PPT 绘制云朵，只能从网上搜索现成的，如图 6-17 所示。

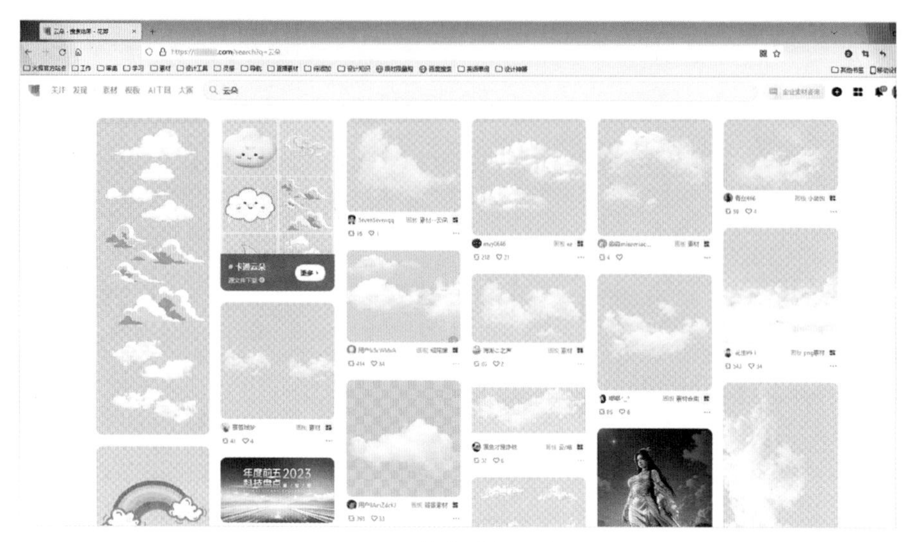


图 6-17

与“农业、植物、乡村”相关的修饰元素还有叶子，它也是营造氛围的高手，如图 6-18 所示。

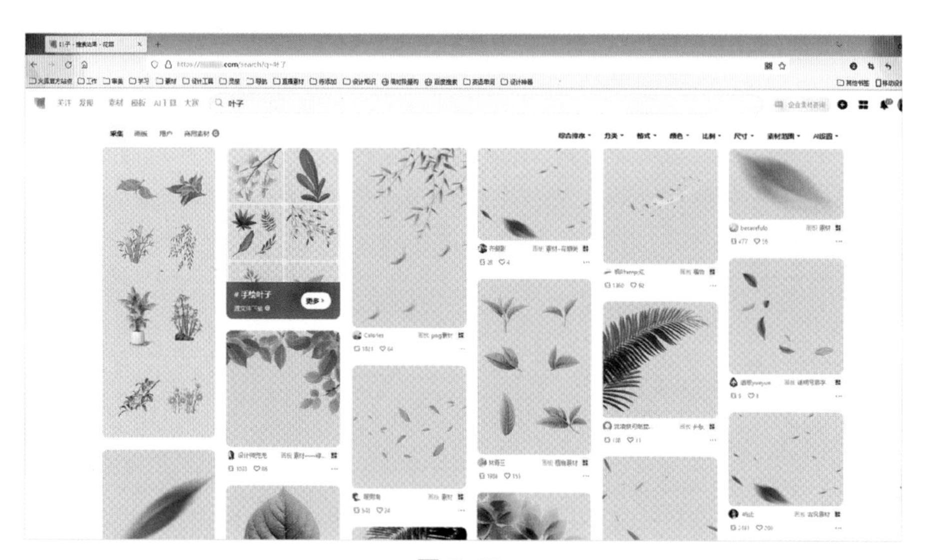


图 6-18

在一些科技风或者较暗的场景中，光效素材是必不可少的修饰元素，几乎可以说是整个页面的点睛之笔，如图 6-19 所示。

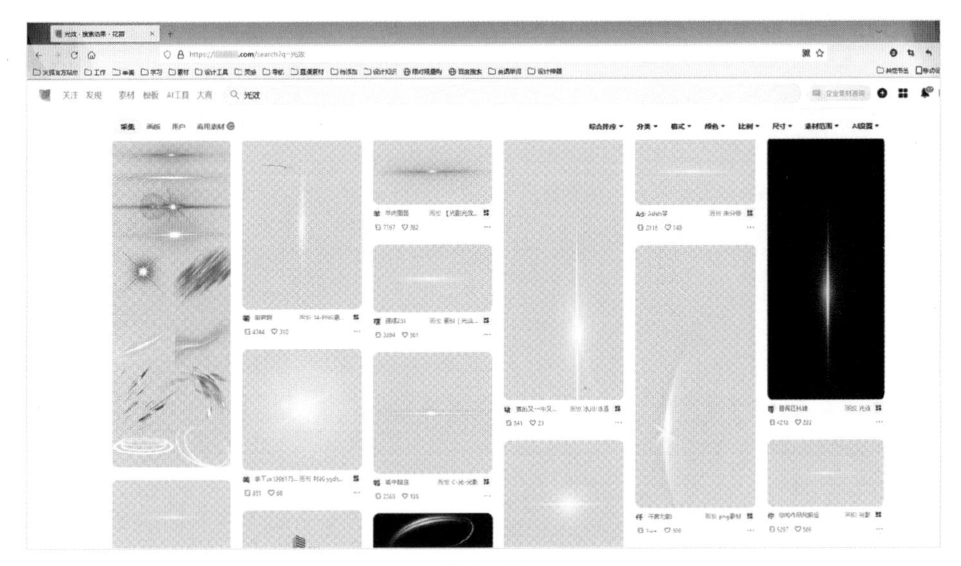


图 6-19

对这些修饰元素的运用，在后面的完整案例中会有所体现。

第 7 章

# 完善整体

完善整体是排版公式的最后一项，其实也属于修饰细节的一项，就是修饰背景。单独把背景拿出来介绍是因为这一项不是必需的，在很多时候要根据页面整体的风格来决定。在做偏向简约的 PPT 时，在给某一页 PPT 添加图片做背景后，与其他页面进行对比会发现，添加图片做背景的页面显得有些花哨。

修饰背景往往涉及以下元素：摄影图片、纹理图片、纯色蒙版、渐变蒙版。

## 7.1　摄影图片+纯色蒙版

当摄影图片与纯色蒙版组合在一起时，图片整体的存在感会被降低，从而起到丰富背景和烘托氛围的作用，如图 7-1 所示。

图 7-1

注意：当选择摄影图片和纯色蒙版搭配时，最好选择图片中没有明显“摄影主体”的图片。这样，它才能更好地充当背景板。

## 7.2　摄影图片+渐变蒙版

渐变蒙版可以调整局部的透明度，当和摄影图片搭配在一起时，可以通过调高蒙版局部的透明度来保留图片局部的某些细节，使得图文相得益彰，如图 7-2 所示。

图 7-2

## 7.3 纹理图片

纹理图片包含的信息远不如摄影图片丰富，因为这类图片往往没有“主体”，是天然适合用来做背景的素材，如图 7-3 所示。

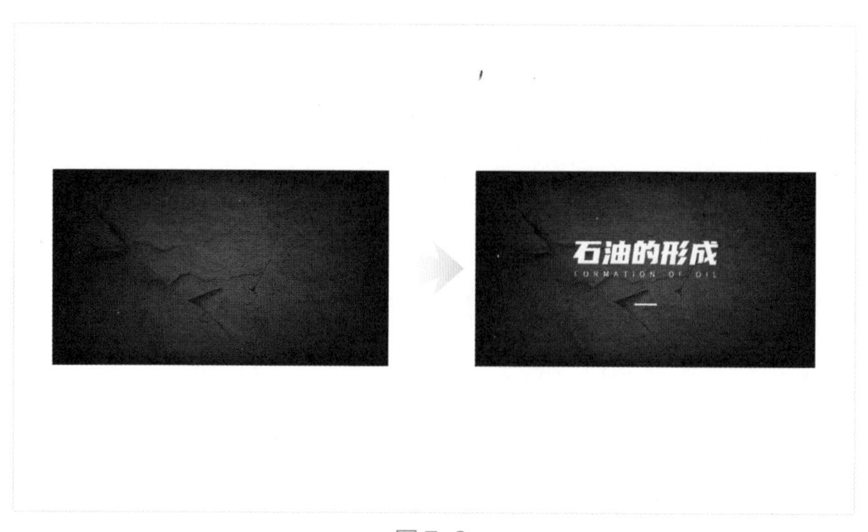


图 7-3

## 7.4　纹理图片+蒙版

某些纹理图片虽然没有主体，但是由于纹理过于厚重，如果不进行二次处理，就会干扰页面的主要信息，因此我们同样可以用蒙版降低其存在感，如图 7-4 所示。

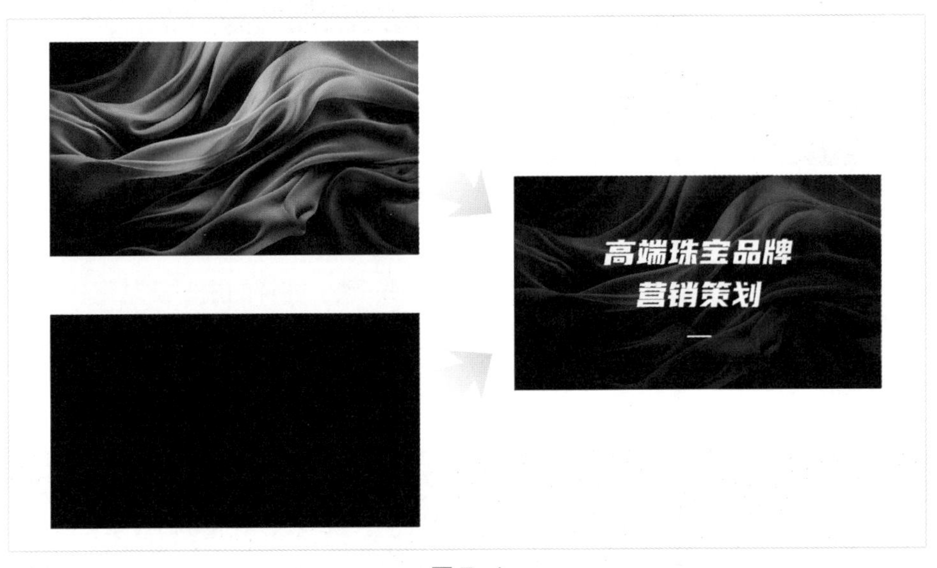


图 7-4

## 7.5　图片颜色及透明度

除了蒙版能对图片产生影响，去掉图片的饱和度、改变图片的颜色或者增加图片的透明度也能对图片产生影响。当图片颜色与页面主体颜色不搭配时，我们就可以将图片颜色去饱和（黑色、白色、灰色与任何颜色都不会产生冲突）或者直接将图片颜色改成与页面主体颜色相搭配的颜色，这样就可以避免颜色冲突，如图 7-5 所示。

图 7-5

增加图片的透明度的作用与使用纯色蒙版几乎一致。图片的透明度越高，其颜色越接近背景色。所以，如果我们想要达到与使用黑色蒙版一样的效果，就需要把背景色改成黑色，如图 7-6 所示。

图 7-6

第 8 章

# PPT 单页案例讲解

经过前几章的介绍，我们已经掌握了做 PPT 的流程。接下来，我们将用具体的案例来展示“PPT 排版公式”究竟是如何运用的。

# 8.1 企业简介

下面先来看一个非常常见的企业简介案例，如图 8-1 所示。

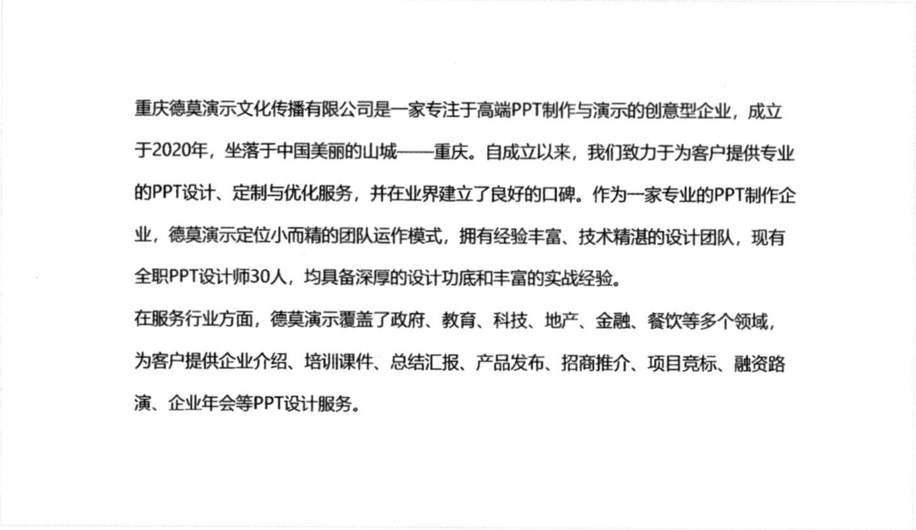

重庆德莫演示文化传播有限公司是一家专注于高端PPT制作与演示的创意型企业，成立于2020年，坐落于中国美丽的山城——重庆。自成立以来，我们致力于为客户提供专业的PPT设计、定制与优化服务，并在业界建立了良好的口碑。作为一家专业的PPT制作企业，德莫演示定位小而精的团队运作模式，拥有经验丰富、技术精湛的设计团队，现有全职PPT设计师30人，均具备深厚的设计功底和丰富的实战经验。
在服务行业方面，德莫演示覆盖了政府、教育、科技、地产、金融、餐饮等多个领域，为客户提供企业介绍、培训课件、总结汇报、产品发布、招商推介、项目竞标、融资路演、企业年会等PPT设计服务。

图 8-1

## 1. 排版公式第一项：分析内容

这一项包含了 3 个动作：划分段落、突出重点、精简文案。

下面看第一个动作——划分段落。我们先分析文案内容，如图 8-2 所示。

根据分析得知，文案内容没有明显的逻辑关系。我们可以按照关键词将其划分为企业名称、企业业务、成立时间、地点、过渡句、企业团队、覆盖领域及服务类别。划分段落后如图 8-3 所示。

第二个动作是突出重点。企业名称，毋庸置疑要作为页面标题处理。成立时间可以作为数据，将其前置。地点可以作为重点，将其前置。对于后面的内容，我们可以提取一个小标题，如果文案中没有合适的字眼作为小标题，就可以总结一下，最终得到如图 8-4 所示的页面。

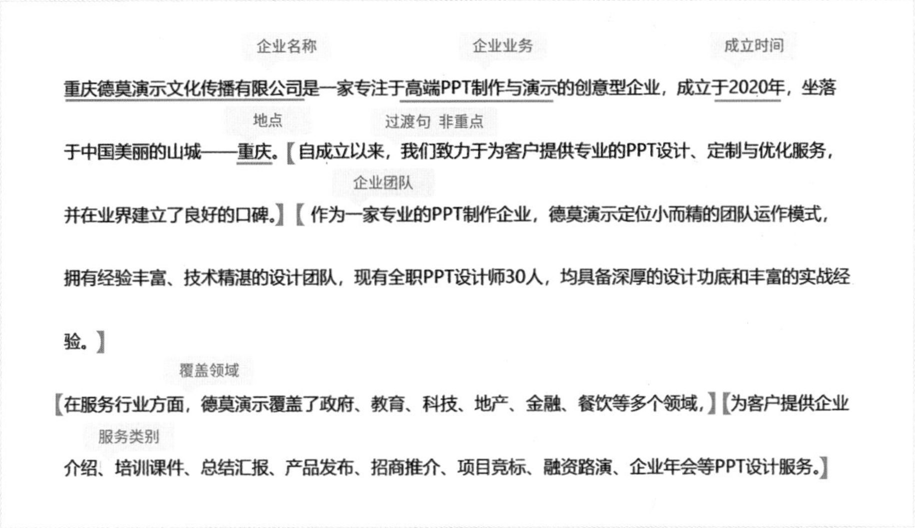

企业名称　企业业务　成立时间

重庆德莫演示文化传播有限公司是一家专注于高端PPT制作与演示的创意型企业，成立于2020年，坐落

地点　过渡句 非重点

于中国美丽的山城——重庆。【自成立以来，我们致力于为客户提供专业的PPT设计、定制与优化服务，

企业团队

并在业界建立了良好的口碑。】【作为一家专业的PPT制作企业，德莫演示定位小而精的团队运作模式，

拥有经验丰富、技术精湛的设计团队，现有全职PPT设计师30人，均具备深厚的设计功底和丰富的实战经

验。】

覆盖领域

【在服务行业方面，德莫演示覆盖了政府、教育、科技、地产、金融、餐饮等多个领域，】【为客户提供企业

服务类别

介绍、培训课件、总结汇报、产品发布、招商推介、项目竞标、融资路演、企业年会等PPT设计服务。】

图 8-2

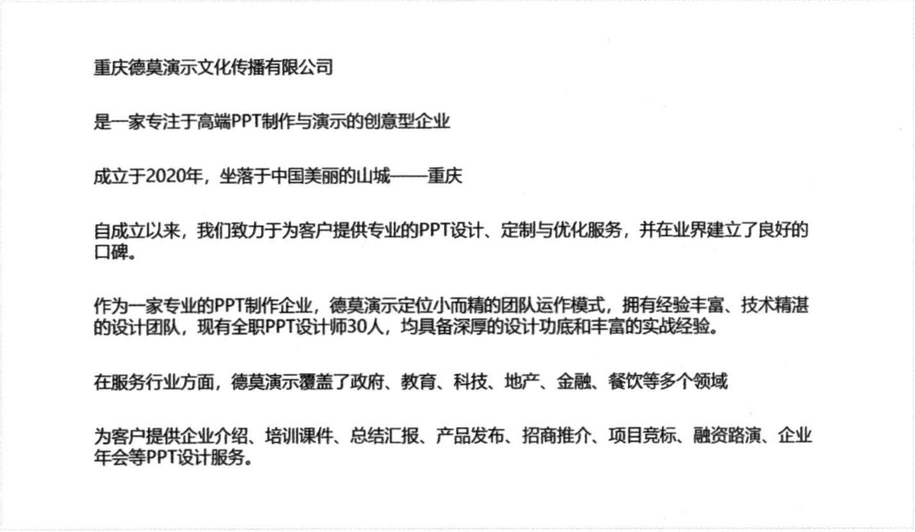

重庆德莫演示文化传播有限公司

是一家专注于高端PPT制作与演示的创意型企业

成立于2020年，坐落于中国美丽的山城——重庆

自成立以来，我们致力于为客户提供专业的PPT设计、定制与优化服务，并在业界建立了良好的口碑。

作为一家专业的PPT制作企业，德莫演示定位小而精的团队运作模式，拥有经验丰富、技术精湛的设计团队，现有全职PPT设计师30人，均具备深厚的设计功底和丰富的实战经验。

在服务行业方面，德莫演示覆盖了政府、教育、科技、地产、金融、餐饮等多个领域

为客户提供企业介绍、培训课件、总结汇报、产品发布、招商推介、项目竞标、融资路演、企业年会等PPT设计服务。

图 8-3

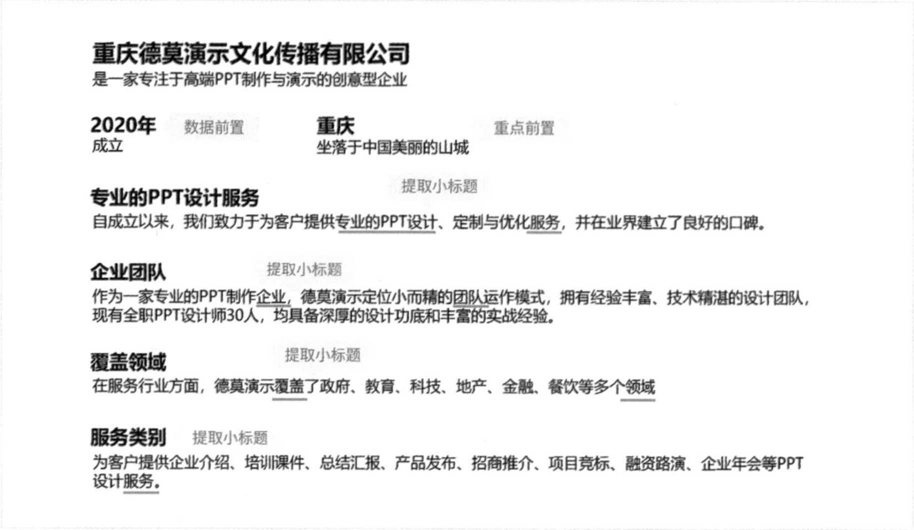

重庆德莫演示文化传播有限公司
是一家专注于高端PPT制作与演示的创意型企业

2020年 数据前置
成立

重庆 重点前置
坐落于中国美丽的山城

专业的PPT设计服务 提取小标题
自成立以来，我们致力于为客户提供专业的PPT设计、定制与优化服务，并在业界建立了良好的口碑。

企业团队 提取小标题
作为一家专业的PPT制作企业，德莫演示定位小而精的团队运作模式，拥有经验丰富、技术精湛的设计团队，现有全职PPT设计师30人，均具备深厚的设计功底和丰富的实战经验。

覆盖领域 提取小标题
在服务行业方面，德莫演示覆盖了政府、教育、科技、地产、金融、餐饮等多个领域

服务类别 提取小标题
为客户提供企业介绍、培训课件、总结汇报、产品发布、招商推介、项目竞标、融资路演、企业年会等PPT设计服务。

图 8-4

第三个动作是精简文案。把重复和赘述的内容都删掉，如图 8-5 所示。

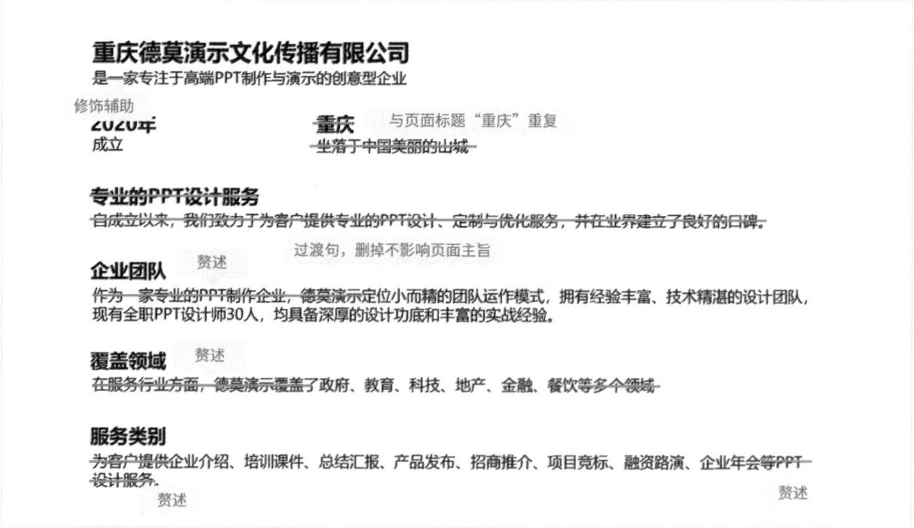

重庆德莫演示文化传播有限公司
是一家专注于高端PPT制作与演示的创意型企业

修饰辅助
2020年
成立

重庆 与页面标题“重庆”重复
坐落于中国美丽的山城

专业的PPT设计服务
自成立以来，我们致力于为客户提供专业的PPT设计、定制与优化服务，并在业界建立了良好的口碑。

过渡句，删掉不影响页面主旨

企业团队 赘述
作为一家专业的PPT制作企业，德莫演示定位小而精的团队运作模式，拥有经验丰富、技术精湛的设计团队，现有全职PPT设计师30人，均具备深厚的设计功底和丰富的实战经验。

覆盖领域 赘述
在服务行业方面，德莫演示覆盖了政府、教育、科技、地产、金融、餐饮等多个领域

服务类别
为客户提供企业介绍、培训课件、总结汇报、产品发布、招商推介、项目竞标、融资路演、企业年会等PPT设计服务。
赘述 赘述

图 8-5

最后，我们将过于零散的信息（成立时间只有一个信息）并入其他信息组中，得到图 8-6。

排版公式的第一项就此梳理完毕。

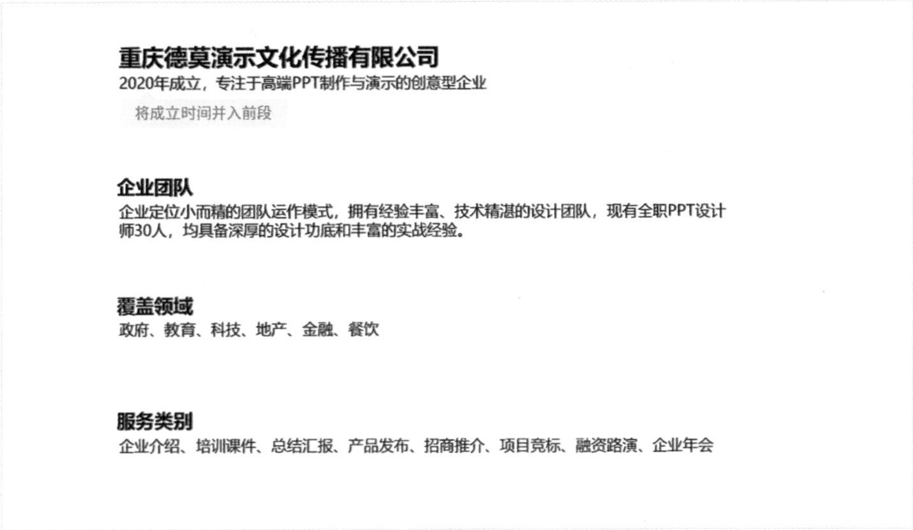

重庆德莫演示文化传播有限公司
2020年成立，专注于高端PPT制作与演示的创意型企业
将成立时间并入前段

企业团队
企业定位小而精的团队运作模式，拥有经验丰富、技术精湛的设计团队，现有全职PPT设计师30人，均具备深厚的设计功底和丰富的实战经验。

覆盖领域
政府、教育、科技、地产、金融、餐饮

服务类别
企业介绍、培训课件、总结汇报、产品发布、招商推介、项目竞标、融资路演、企业年会

图 8-6

## 2. 排版公式第二项：确定布局

我们要根据整理出来的内容选择布局方式。对于 3 个信息组，我们可以选择的布局方式非常多，有横向布局、纵向布局、环绕型布局等。我们仔细观察一下，这 3 个信息组并不是严格的并列关系的，如果将它们横向布局，如图 8-7 所示，那么它们的内容多少差距非常大，这样布局非常不协调。

3 个信息组并不多，这样布局会导致页面空间浪费。所以，我们不要把 3 个信息组分得太开，而是要把整体往左放置，先左右布局，如图 8-8 所示。

重庆德莫演示文化传播有限公司
2020年成立，专注于高端PPT制作与演示的创意型企业

企业团队
企业定位小而精的团队运作模式，拥有经验丰富、技术精湛的设计团队，现有全职PPT设计师30人，均具备深厚的设计功底和丰富的实战经验。

覆盖领域
政府、教育、科技、地产、金融、餐饮

服务类别
企业介绍、培训课件、总结汇报、产品发布、招商推介、项目竞标、融资路演、企业年会

图 8-7

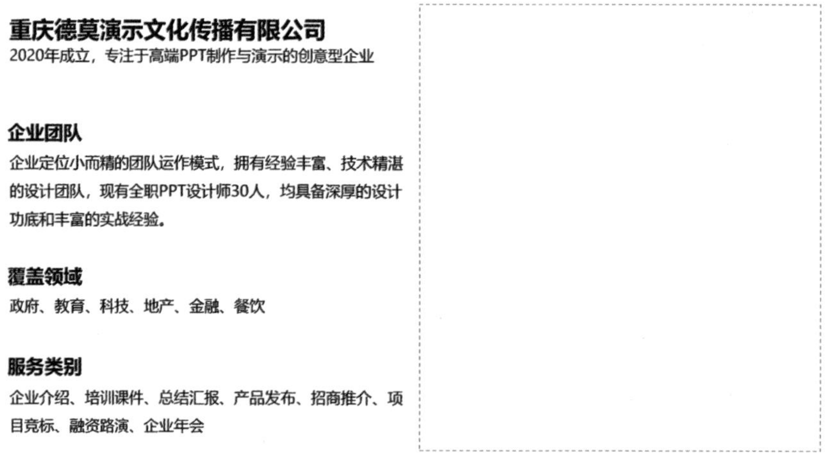

重庆德莫演示文化传播有限公司
2020年成立，专注于高端PPT制作与演示的创意型企业

企业团队
企业定位小而精的团队运作模式，拥有经验丰富、技术精湛的设计团队，现有全职PPT设计师30人，均具备深厚的设计功底和丰富的实战经验。

覆盖领域
政府、教育、科技、地产、金融、餐饮

服务类别
企业介绍、培训课件、总结汇报、产品发布、招商推介、项目竞标、融资路演、企业年会

图 8-8

这时，我们又会发现一个问题，当把文字全部往左放置时，右边空了，所以此时我们需要在右边添加元素来平衡页面。最能快速占据大面积页面的元素就是

图片。图片的选择有讲究，不能选择与主题无关的。这个 PPT 是企业简介，我们选择的图片可以与企业相关，比如企业的大楼或者办公场景。要想把 PPT 做得好看，就尽量选择大场景的图片。不是每个企业都有自己的大楼，那么我们可以用别的大楼来代替，只要图片上没有明显标注该大楼是属于某个企业的就行，或者我们也可以用一些城市写字楼的图片。这个企业在重庆，我们正好可以选择重庆的图片来做辅助，如图 8-9 所示。

图 8-9

确定布局还有一部分内容，就是版式四大原则，但是这要在设置字体后再做，不然在对齐后有时候要调整字体，原来对齐的也不对齐了。

### 3. 排版公式第三项：设置字体

这是一页企业简介 PPT，是属于商务类的，那么字体选择为黑体毋庸置疑。选择什么样的黑体呢？如果我们购买了微软雅黑的版权，那么优先使用微软雅黑；如果没有购买，那么可以使用思源黑体。记住，标题用粗的字体，正文用细的字体，再调整合适的字号，如图 8-10 所示。

重庆德莫演示文化传播有限公司
2020年成立，专注于高端PPT制作与演示的创意型企业

企业团队
企业定位小而精的团队运作模式，拥有经验丰富、技术精湛的设计团队，现有全职PPT设计师30人，均具备深厚的设计功底和丰富的实战经验。

覆盖领域
政府、教育、科技、地产、金融、餐饮

服务类别
企业介绍、培训课件、总结汇报、产品发布、招商推介、项目竞标、融资路演、企业年会

图 8-10

接下来，我们就要考虑版式四大原则（对齐、对比、亲密、重复）。

对齐：把所有文字左对齐，让每个小标题都与对应的正文之间的间距相等，让信息组之间的间距相等。

对比：页面标题的字号是 28 号，小标题的字号是 20 号，正文的字号是 14 号，形成大小对比。标题是纯黑色的，正文颜色偏浅，形成深浅对比。标题笔画较粗，正文笔画较细，形成粗细对比。

亲密：把小标题和其内容放置在一起，其间距远小于信息组之间的间距。

重复：所有标题的字体都使用微软雅黑，并设置字体加粗。所有正文的字体都使用微软雅黑 Light，且都设置 1.3 倍行间距。文字格式统一。

结果如图 8-11 所示。

## 4. 排版公式第四项：进行配色

这是给企业做的 PPT，所以可以选择企业的 Logo 色。这个企业的 Logo 主要是深紫色的，如图 8-12 所示。

图 8–11

图 8–12

如果我们只用这个颜色，可能会显得过于沉闷，或者就是单纯地不喜欢这个深紫色，不想用它，那么可以根据行业的主题来选择颜色。对于商务风格的 PPT，我们可以选择商务蓝色，将需要突出的内容全部加上商务蓝色，如图 8–13 所示。配色就解决了。

重庆德莫演示文化传播有限公司
2020年成立，专注于高端PPT制作与演示的创意型企业

企业团队
企业定位小而精的团队运作模式，拥有经验丰富、技术精湛的设计团队，现有全职PPT设计师30人，均具备深厚的设计功底和丰富的实战经验。

覆盖领域
政府 教育 科技 地产 金融 餐饮

服务类别
企业介绍 培训课件 总结汇报 产品发布
招商推介 项目竞标 融资路演 企业年会

图 8-13

## 5. 排版公式第五项：修饰细节

接下来，我们从各个方面修饰细节：给每个信息组都添加渐变色块，让内容更具条理性；给小标题都添加图标；6 个领域显得有点单调，我们添加序号进行修饰，给每个领域下再添加一个小的渐变色块作为载体，丰富细节；给服务类别之间添加分割线条，同样可以增加条理性。结果如图 8-14 所示。

重庆德莫演示文化传播有限公司
2020年成立，专注于高端PPT制作与演示的创意型企业

企业团队
企业定位小而精的团队运作模式，拥有经验丰富、技术精湛的设计团队，现有全职PPT设计师30人，均具备深厚的设计功底和丰富的实战经验。

覆盖领域
01 政府 02 医疗 03 教育 04 科技 05 金融 06 地产

服务类别
企业介绍 | 培训课件 | 总结汇报 | 产品发布
招商推介 | 项目竞标 | 融资路演 | 企业年会

图 8-14

## 6. 排版公式第六项：完善整体

页面的右侧正好有一张图片，不如直接将图片延伸出来，用渐变蒙版与左侧内容增加联系，让整个页面显得更加大气，在页面的右上角还可以放上反白后的企业 Logo，如图 8-15 所示。

图 8-15

这页 PPT 到这里就完成了。如果我们想让页面变得更精致，那么可以适当缩小字号，如图 8-16 所示。

图 8-16

# 8.2 人物介绍

下面尝试对人物介绍排版。我们拿到的资料是一段文字和一张人物图片，如图 8-17 所示。

图 8-17

## 1. 排版公式第一项：分析内容

文字部分除了姓名，还有 4 个部分的内容，所以将其划分为 4 段。因为内容非常少，所以没必要精简，也没必要提取小标题，在内容太少的情况下基本上都能一目了然。在划分段落后，我们要注意内容的先后顺序，虽然没有明确的时间线，但是仍能从中观察到时间顺序。基本上要遵循先毕业，再有经验，然后才有能力担任导师和与上市企业合作这样的时间线，最终结果如图 8-18 所示。

## 2. PPT 排版公式第二项：确定布局

页面中的内容按大类划分，可以分为文字和图片。对于两个部分的内容，左右布局或者上下布局都是可以的，但是这里的是人物图片，如果上下布局，那么人物整体很难完整保留，所以我们左右布局，如图 8-19 所示。左文右图或左图右文都是可以的。

图 8-18

图 8-19

### 3. 排版公式第三项：设置字体

这里的文字不多，所以我们不用拘泥于原来的字号设置，否则字号太小会显得页面留白过多，但在其他方面的设置上仍应遵循原则，做到大小对比、粗细对比和深浅对比，而且要做好文字对齐，如图 8-20 所示。

图 8-20

### 4. 排版公式第四项：进行配色

人物介绍 PPT 没有特定的配色方案，但是观察内容可以发现，这明显是商务性的 PPT，所以我们可以选择商务蓝色，将姓名重点突出，如图 8-21 所示。

### 5. 排版公式第五项：修饰细节

要想把人物介绍页面做得“高大上”，有一个诀窍，就是一定要把人物抠出来（在线抠图网站：佐糖），再在后面添加色块，设计感一下就出来了，如图 8-22 所示。

李佑
毕业于四川美术学院
10年平面设计经验
PPT线上课程导师
为多家上市企业制作PPT

图 8-21

李佑
毕业于四川美术学院
10年平面设计经验
PPT线上课程导师
为多家上市企业制作PPT

图 8-22

下面逐步修饰细节。

人物姓名：对于人物介绍 PPT 来说，姓名可以靠近人物摆放，这里的横向空间不够，我们可以竖向布局，将文字叠放在人物上，增强层次感，再复制一份文字增加透明度垫在原文字的后方，起到修饰文字的作用。

正文部分：纯文字略显单调，可以用圆做项目符号修饰细节，再用线条分割，使内容更具条理性。

人物部分：将人物复制一份增加透明度垫在后方，同样可以增强层次感，这也是常用的一种设计手法。

结果如图 8-23 所示。

图 8-23

## 6. 排版公式第六项：完善整体

最后，添加城市图片，去饱和，再用渐变蒙版调一下可见度，使其不干扰文字即可。这个 PPT 页面就做好了，如图 8-24 所示。

图 8-24

## 8.3　企业荣誉展示

在做企业宣传 PPT 时，荣誉展示是必不可少的一部分。这种页面的特点是，整页往往全是证书图片，如图 8-25 所示。我们需要做的主要是图片排版。

图 8-25

我们分析一下这种类型的页面：实际上的证书图片，有的是电子版的，有的是用手机拍照上传的，有的是歪的，有的可能有各种边框。不管它们是什么样的，我们都要通过裁剪和矫正尽量将它们统一格式。

在布局上，我们可以把这 6 张图片看成 6 个信息组，直接矩阵布局。因为文字只有标题，所以只需设置标题的字体格式，用商务蓝色。我们把排版公式的前四项全部处理好，如图 8-26 所示。

图 8-26

对于信息单调的页面，我们就要从修饰细节上下功夫。对于证书图片，我们可以给它们添加一个木质边框，使其更具质感，也可以加入一个奖杯素材，将荣誉信息表达得更直观、更生动，而且让页面具有较强的视觉冲击力，如图 8-27 所示。

接下来，我们还可以修饰页面标题，用形状绘制一个平台，将证书放置在平台上，并给证书设置一个倒影，这样的做法模拟了现实世界中证书的放置方式，极具创意性，如图 8-28 所示。

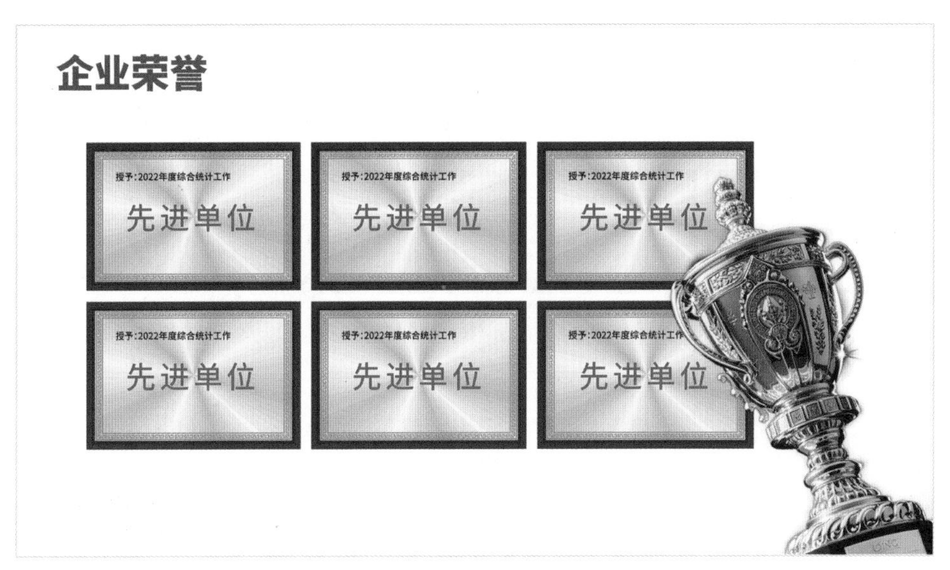


图 8-27

图 8-28

我们依然将图片颜色去饱和，用浅蓝色的渐变蒙版降低图片的存在感，在页面上方添加浅蓝色的粒子素材以平衡画面，如图 8-29 所示。

图 8-29

如果图片比较多，那么我们也可以试一试把奖杯放在中间，形成对称结构，同时给图片设置三维旋转，表现出物体之间的远近关系，给人立体感和空间感。我们可以用多个大小不一但渐变方向一致的矩形来修饰背景，这种整体向上的趋势轻松地营造了一种积极的氛围，如图 8-30 所示。

图 8-30

## 8.4　一句话排版

在 PPT 排版中有一种极端情况，就是内容极少，只有一句话，如图 8-31 所示。

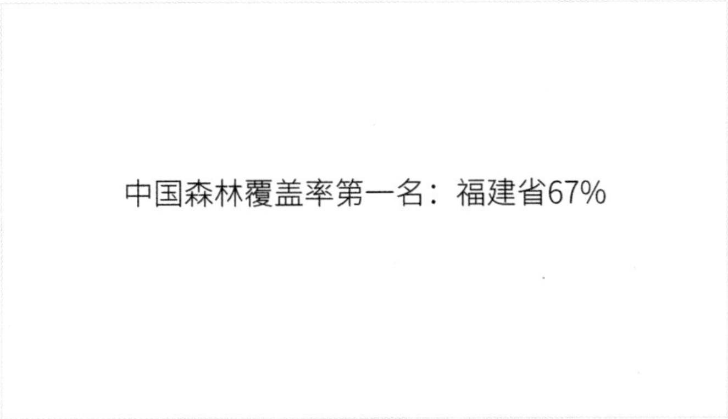

中国森林覆盖率第一名：福建省67%

图 8-31

当遇到只有一句话的 PPT 时不要慌，按照排版公式，先分析内容。如果内容太少，那么划分段落和精简文案就没有必要了，可以突出重点。这句话里的重点其实有两个：第一名和 67%。我们先把这两个重点提取出来，如图 8-32 所示。

第一名　　67%

中国森林覆盖率：福建省

图 8-32

在重点被提取出来后，句子被打散了，语义不通。其实它表达了两个信息：福建省森林覆盖率位于中国第一名；福建省森林覆盖率是 67%。如果这样直接写，内容就重复了。我们不如把“福建省森林覆盖率位于中国第一名”这句话换成“全国之最”，再把“67%”挪到前面，这样就通顺了：福建省森林覆盖率是 67%，为全国之最，如图 8-33 所示。

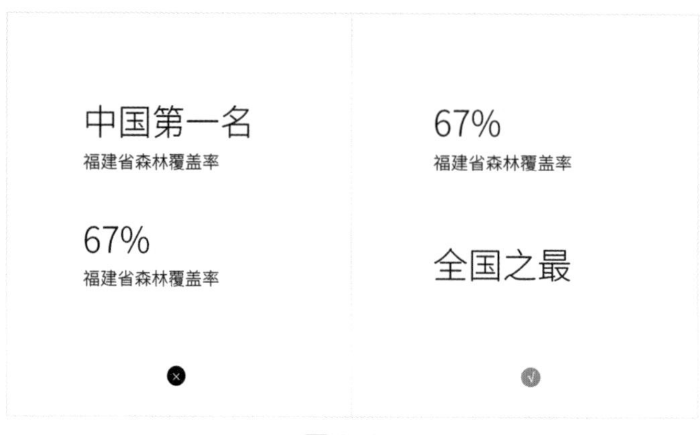


图 8-33

两个信息组适用于左右布局。把字体换为黑体，把重点放大，并选择与森林相关的颜色——绿色，如图 8-34 所示。

67%
福建省森林覆盖率
全国
之最

图 8-34

前面提到，修饰背景其实也是修饰细节的一种。对于这种文字较少的页面，要想做出令人惊艳的效果，尤其依赖图片。我们选择一张森林的图片作为背景。给绿色的文字加上绿色的背景容易看不清。为了保证文字的可读性，需要将文字颜色改为白色，如图 8-35 所示。

图 8-35

这张图片非常有特点，蜿蜒的道路把画面分成了两个部分，我们正好将两个信息组分别放置在道路的两侧。再次放大重点内容，使对比更加鲜明，也能使画面更具视觉冲击力。我们可以给文字略微设置一点渐变，打造“文字被植被遮挡”的空间效果，还可以利用射线渐变蒙版把图片四周压暗，使视线更聚焦在页面中心，如图 8-36 所示。

图 8-36

## 8.5 表格美化

在工作中，我们常用到表格。很多人都觉得对表格美化无从下手，因为它就是单一的数据呈现，很难有什么花样，如图 8-37 所示。

公司历年财务情况一览

| | 2020年 | 2021年 | 2022年 | 2023年 | 2024年 |
|---|---|---|---|---|---|
| 销售收入（元） | 353053 | 220198 | 203929 | 182548 | 146607 |
| 营业利润（元） | 92045 | 69957 | 48582 | 30676 | 22241 |
| 营业利润率 | 26.1% | 31.8% | 23.8% | 16.8% | 15.2% |
| 净利润（元） | 73543 | 48943 | 34561 | 21031 | 13001 |

图 8-37

其实不管对于什么内容，我们把该做的地方做到位，都可以找到美化的空间。

在内容上，这页表格中有很多数据，我们可以把上方的年份和左侧的项目所在的位置看作标题。

在布局上，因为页面中只有一个表格，所以我们选择居中布局。

在字体上，依然选择符合商务气质的黑体，“标题”部分需要加粗，标题和“正文”（表格中的内容）的大小对比不用像一般的文字页面那么强，因为表格中的数据正是我们需要向观众展示的。

我们也要做好对齐，不能让内容在表格偏上或偏下的位置，要尽量居中，在水平方向上也可以采用居中对齐。

把表格中多余的格式去掉，用简单的黑框线来代替。也可以给标题添加商务蓝色让项目信息更突出，如图 8-38 所示。

**公司历年财务情况一览**

| | 2020年 | 2021年 | 2022年 | 2023年 | 2024年 |
|---|---|---|---|---|---|
| 销售收入（元） | 353053 | 220198 | 203929 | 182548 | 146607 |
| 营业利润（元） | 92045 | 69957 | 48582 | 30676 | 22241 |
| 营业利润率 | 26.1% | 31.8% | 23.8% | 16.8% | 15.2% |
| 净利润（元） | 73543 | 48943 | 34561 | 21031 | 13001 |

图 8-38

接下来，修饰细节，对于内容比较单一的页面，最快的方法仍然是换背景。我们可以用摄影图片做背景，也可以用渐变填充做背景，如图 8-39 所示。

**公司历年财务情况一览**

| | 2020年 | 2021年 | 2022年 | 2023年 | 2024年 |
|---|---|---|---|---|---|
| 销售收入（元） | 353053 | 220198 | 203929 | 182548 | 146607 |
| 营业利润（元） | 92045 | 69957 | 48582 | 30676 | 22241 |
| 营业利润率 | 26.1% | 31.8% | 23.8% | 16.8% | 15.2% |
| 净利润（元） | 73543 | 48943 | 34561 | 21031 | 13001 |

图 8-39

过于丰富的背景会干扰表格中的信息，降低数据的可读性。所以，我们需要在表格下方手动添加一个色块。如果表格的列与列之间的间距较大，我们就可以删除纵向表格线，保留横向表格线，使表格整体更简洁，便于信息传递。如果表格中有部分数据需要重点突出，那么我们可以取消“标题”的突出展示，仅对重点数据做对比，让视线得到有效聚焦，如图 8-40 所示。

公司历年财务情况一览

| | 2020年 | 2021年 | 2022年 | 2023年 | 2024年 |
|---|---|---|---|---|---|
| 销售收入（元） | 353053 | 220198 | 2033929 | 182548 | 146607 |
| 营业利润（元） | 92045 | 69957 | 48582 | 30676 | 22241 |
| 营业利润率 | 26.1% | 31.8% | 23.8% | 16.8% | 15.2% |
| 净利润（元） | 73543 | 48943 | 34561 | 21031 | 13001 |

图 8-40

最后，不要忘了修饰标题，可以适当添加一些形状丰富一下背景，如图 8-41 所示。

公司历年财务情况一览

Overview of the company's financial situation over the years

| | 2020年 | 2021年 | 2022年 | 2023年 | 2024年 |
|---|---|---|---|---|---|
| 销售收入（元） | 353053 | 220198 | 2033929 | 182548 | 146607 |
| 营业利润（元） | 92045 | 69957 | 48582 | 30676 | 22241 |
| 营业利润率 | 26.1% | 31.8% | 23.8% | 16.8% | 15.2% |
| 净利润（元） | 73543 | 48943 | 34561 | 21031 | 13001 |

图 8-41

# 8.6　数据展示

我们在工作中也会遇到这样一种 PPT 页面——内容中有很多数据，但是没有规律，不能用图表来展示，如图 8-42 所示。[①]

经营业绩

2024年，独优集团总资产规模突破2.5万亿元人民币，较年初增长19.2%；实现营业收入9123亿元，同比增长6.3%；净利润710亿元，同比增长7.8%。独优集团获2023年度A 级企业。

图 8-42

不用慌，依然按照排版公式来处理，先分析内容。文案开篇交代了时间信息。把后面的数据按照分号划分，一共有 4 组，删掉重复、赘述及不重要的信息，尽量突出数据，如图 8-43 所示。

经营业绩

时间

2024年，/~~独优集团~~总资产规模突破2.5万亿元人民币，较年初增长19.2%；/~~实现~~营业收入9123亿元，同比增长6.3%；/净利润710亿元，同比增长7.8%。/~~独优集团获~~2023年度A 级企业。/

图 8-43

① 独优集团是一个虚拟的集团。

提取关键数据并将其前置。这个 PPT 主要分为 4 个信息组。对 4 个信息组可以选择的布局方式有很多种，但是正如前面的企业简介案例，当内容太少时，我们把内容铺开就会显得内容很散，页面很空，如图 8-44 所示。

经营业绩

2024年

2.5万亿元
总资产规模

19.2%
较年初增长

9123亿元
营业收入

6.3%
同比增长

710亿元
净利润

7.8%
同比增长

2023年度

A 级企业

图 8-44

所以，我们无须把内容分开，依然把它们放置在一侧，在另一侧添加辅助元素左右布局。我们可以选择与主题相关的元素作为辅助元素，例如在这里放上一个奖杯。然后，我们设置字体，依然选择黑体，并注意标题和正文的对比。在配色上，选择商务蓝色，显得严谨、专业，如图 8-45 所示。

给页面标题添加英文修饰。可以给每个信息组都添加一个渐变矩形框，并且用虚线分割信息组；可以在增长的数据旁边添加向上的箭头使信息表达更直观。给时间信息做出渐隐效果，将其紧邻下方的信息组放置，增加页面的层次感；倾斜放置奖杯，打破页面的呆板形象；把荣誉信息放置在奖杯旁更符合逻辑，如图 8-46 所示。

经营业绩

2024年

2.5万亿元
总资产规模

9123亿元
营业收入

710亿元
净利润

19.2%
较年初增长

6.3%
同比增长

7.8%
同比增长

2023年度A 级企业

图 8-45

图 8-46

最后一步是完善整体，页面上方和下方都比较空，添加背景图片能很好地弥补这个缺点。同时，在背景图片上方叠加飘带，在背景图片下方叠加云朵，进一步增加页面的层次感，如图 8-47 所示。

图 8-47

## 8.7 团队介绍

前面介绍了怎么做人物介绍 PPT，下面介绍怎么做团队介绍 PPT，如图 8-48 所示。

李佑
CEO
10年PPT设计经验
线下PPT培训导师

王薇
创意总监
8年平面设计经验
PPT金牌讲师

赵阳
项目经理
名校管理专业硕士
500多个设计项目实战经验

林雅
财务总监
名校财务专业硕士
曾就职于世界500强企业

图 8-48

我们先对内容进行分析，文字部分的内容较精简，我们不用再删减提炼。一共有 4 张图片和 4 段文字，图片和文字都是对应的，所以可以分为 4 个信息组。对于 4 个信息组，我们可以横向布局、纵向布局、矩阵布局等。为了更好地呈现内容，选择横向布局是最合适的。前面提到过，做人物介绍 PPT 有个技巧，就是把人物背景抠掉。这 4 张人物图片的背景不一样，将背景抠掉后页面会更简洁、统一。同时，我们设置好文字格式，将姓名用重点色突出，依然选择常见的商务蓝色，处理好后如图 8-49 所示。

**李佑**
CEO
10年PPT设计经验
线下PPT培训导师

**王薇**
创意总监
8年平面设计经验
PPT金牌讲师

**赵阳**
项目经理
名校管理专业硕士
500多个设计项目实战经验

**林雅**
财务总监
名校财务专业硕士
曾就职于世界500强企业

图 8-49

接下来，我们对每个信息组都进行细节的修饰，为每个信息组都添加渐变矩形框，让信息在视觉上更具条理性、更整齐。姓名可以被看作“小标题”，我们可以用姓名拼音进行修饰（赵阳的姓名拼音太长，做了简化），记得增加透明度，不然会干扰主要信息的传达。也可以添加一个矩形作为职位部分的载体，与其他内容区别开，让关键信息更突出，如图 8-50 所示。

图 8-50

这时会出现一个页面加了太多“框”都会出现的问题，就是页面显得呆板、平庸。解决方法很简单，在页面的下方添加一个色块构建出层次感，如图 8-51 所示。

图 8-51

在页面下方的色块中会出现小面积留白，我们再添加一些字符。给背景略微添加一点浅蓝渐变，能更好地呼应页面中的内容，不会显得生硬，如图 8-52 所示。

图 8-52

## 8.8　纯文字不精简

前面涉及的案例大部分都是能对文字进行精简的，但有一种没办法精简的情况。这时，我们必须在保留所有文字的基础上来排版，如图 8-53 所示。

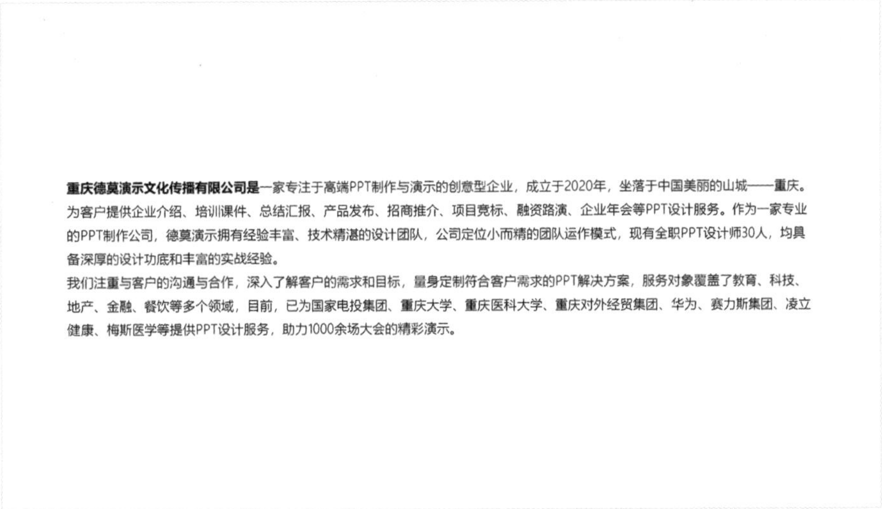

**重庆德莫演示文化传播有限公司是**一家专注于高端PPT制作与演示的创意型企业，成立于2020年，坐落于中国美丽的山城——重庆。为客户提供企业介绍、培训课件、总结汇报、产品发布、招商推介、项目竞标、融资路演、企业年会等PPT设计服务。作为一家专业的PPT制作公司，德莫演示拥有经验丰富、技术精湛的设计团队，公司定位小而精的团队运作模式，现有全职PPT设计师30人，均具备深厚的设计功底和丰富的实战经验。

我们注重与客户的沟通与合作，深入了解客户的需求和目标，量身定制符合客户需求的PPT解决方案，服务对象覆盖了教育、科技、地产、金融、餐饮等多个领域，目前，已为国家电投集团、重庆大学、重庆医科大学、重庆对外经贸集团、华为、赛力斯集团、凌立健康、梅斯医学等提供PPT设计服务，助力1000余场大会的精彩演示。

图 8-53

这时，你要记住，对文字精简的空间越小，图片对页面整体的改善作用就越大。正如前面介绍的一句话排版案例，当内容太少时，借助图片就可以轻松地营造高级感。当内容太多又无法精简时，我们无法给内容单独添加修饰性符号来提升质感，此时图片就变得尤为重要。我们可以找一张符合主题的高清大图做背景，将文字分好段落后置于上层（在不可以精简文字时也要分好段落，尽量让内容有条理），如图 8-54 所示。

图 8-54

然而，这张图片的留白太少了，文字难免会被图片干扰。下面介绍一个增加图片留白的方法：将图片分成两个部分（沿建筑主体上方一点的位置裁剪），裁剪掉一部分下半部分的图片，直接拉高上半部分没有元素的图片，再将二者拼在一起，这样就得到了留白增大的图片，如图 8-55 所示。

此时，将文字置于图片留白处就非常合适了，如图 8-56 所示。

图 8-55

图 8-56

虽然不能添加细微的修饰元素，但是文字作为一个信息组，我们仍然可以给它添加文本框。这里引入一个新的知识点：毛玻璃效果的文本框，如图 8-57 所示。

图 8-57

从案例中可以看出，在添加这个文本框后，下层的图片模糊了，像蒙了一层玻璃，这样的效果是怎么做出来的呢？

第一步：准备两张同样的图片，把一张图片作为背景，在另一张图片上单击鼠标右键，选择“设置图片格式”→“艺术效果”→“虚化”选项，选择半径“30”。

第二步：画一个形状，把虚化的图片填充进形状，平铺纹理，居中对齐。

第三步：把形状叠加在清晰的图片的上方。

结果如图 8-58 所示。

我们还可以把下方的建筑抠出来，叠加在毛玻璃效果的文本框的上层，营造出空间穿插的视觉效果，进一步提升页面的高级感，如图 8-59 所示。

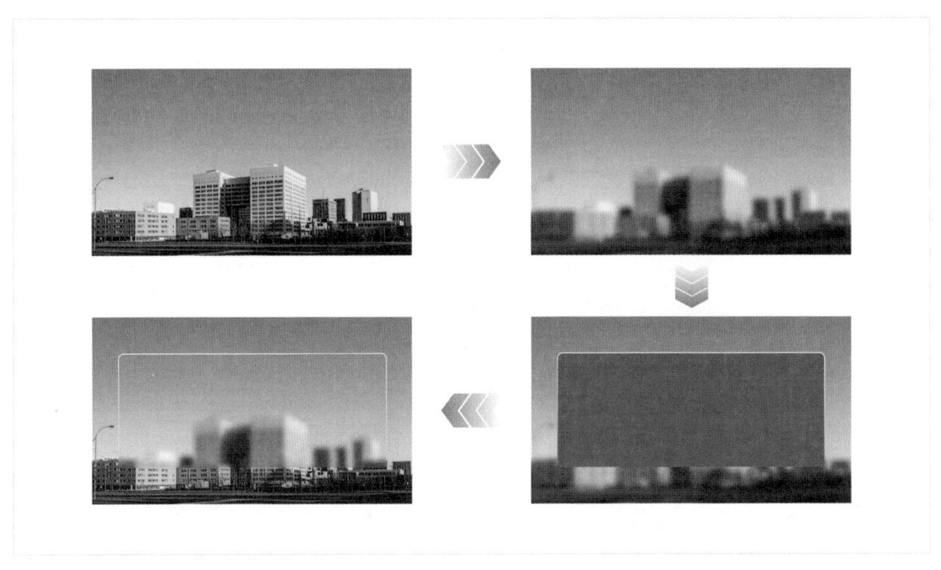

图 8-58

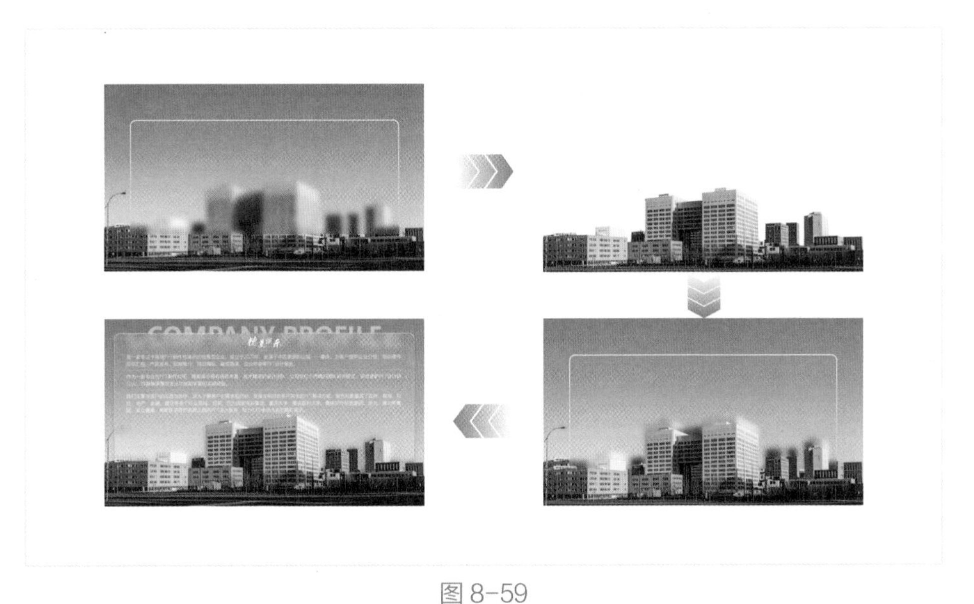

图 8-59

这个纯文字页面就做好了，如图 8-60 所示。总之，图片是做 PPT 的利器。在实在没有思路时，图片可以帮你“说话”。

COMPANY PROFILE
德莫演示
是一家专注于高端PPT制作与演示的创意型企业，成立于2020年，坐落于中国美丽的山城——重庆。为客户提供企业介绍、培训课件、总结汇报、产品发布、招商推介、项目竞标、融资路演、企业年会等PPT设计服务。
作为一家专业的PPT制作公司，德莫演示拥有经验丰富、技术精湛的设计团队，公司定位小而精的团队运作模式，现有全职PPT设计师30人，均具备深厚的设计功底和丰富的实战经验。
我们注重与客户的沟通与合作，深入了解客户的需求和目标，量身定制符合客户需求的PPT解决方案，服务对象覆盖了教育、科技、地产、金融、餐饮等多个领域，目前，已为国家电投集团、重庆大学、重庆医科大学、重庆对外经贸集团、华为、赛力斯集团、凌立健康、梅斯医学等提供PPT设计服务，助力1000余场大会的精彩演示。

图 8-60

# 第 9 章

# PPT 完整案例解析

在之前教学的过程中，有的学员反馈：“我会做单页的 PPT，但是不知道怎么做一整套 PPT，做出来的页面总感觉衔接不上，不像一套 PPT。”

所以，在本章中，我们介绍如何完成“一套 PPT”。其实做好一套 PPT 的精髓只有两个字：统一，即统一的字体、统一的配色、统一的元素等。我们直接看案例。

# 9.1 年终汇报

这个案例属于工作汇报类的，数据偏多，如图 9-1 所示。

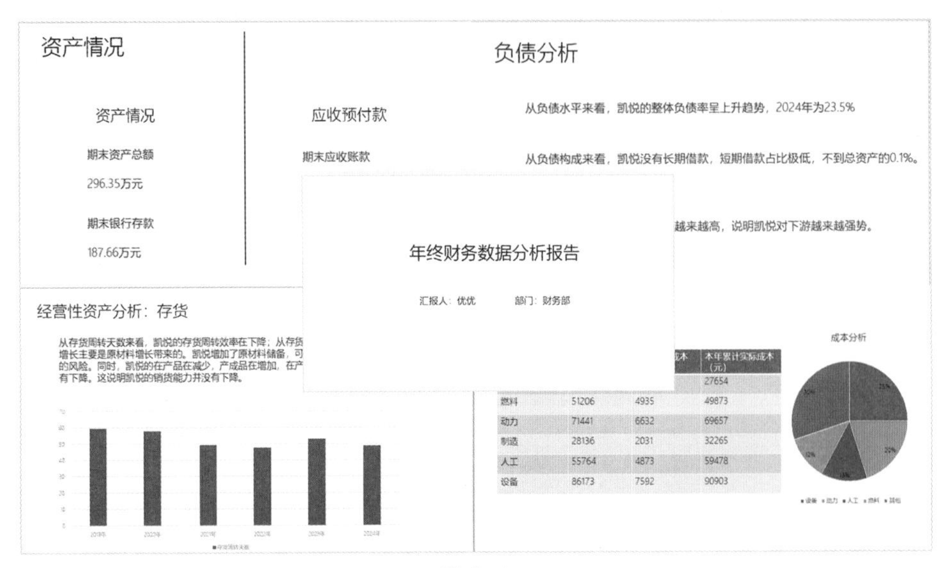


图 9-1

## 9.1.1 年终汇报的封面

图 9-2 所示为封面素稿。接下来，我们用排版公式的各项来分析这页稿件。

分析内容：只有一个标题和两个次要信息，内容较少，不用做二次处理。

确定布局：封面通常采用左右布局或者居中布局，这里选择左右布局，在左侧放置标题，在右侧添加辅助元素——图片。

设置字体：商务风格的 PPT 的字体选择黑体。标题用粗的黑体，次要信息用细的黑体。因为文字全部靠左放置，所以我们要做好左对齐。

进行配色：工作汇报类 PPT 的颜色可以从企业的 Logo 色中选择，也可以选择通用的商务蓝色，或者其他符合主题的颜色。这里选择蓝色和紫色搭配做渐变。数据比较枯燥，用轻快、鲜亮一点的颜色可以减少乏味感。

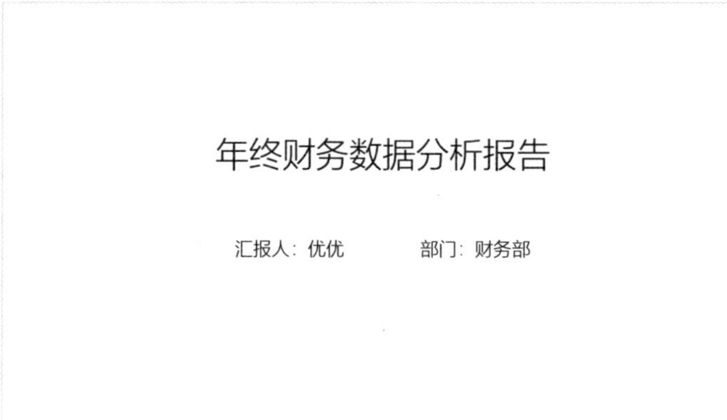

年终财务数据分析报告
汇报人：优优
部门：财务部

图 9-2

修饰细节：封面主标题的字号是整套 PPT 中最大的。当标题较长时，我们放大字号，左侧的标题就会排到页面的右侧，破坏整个页面的结构。所以，在遇到较长的标题时，一定要把它分成两行。因为标题的内容较少，显得单调，所以我们可以添加英文副标题。给汇报人和部门部分添加小的色块作为修饰。我们可以把右侧辅助布局的图片换成插画，更贴合页面的气质。

完善整体：使用柔和的不规则色块作为背景，增加页面的层次感。

不同于普通的商务风格的 PPT，这是一页具有明显插画风格的 PPT，如图 9-3 所示。

年终财务
数据分析报告
DATA ANALYSIS REPORT
汇报人：优优
部门：财务部

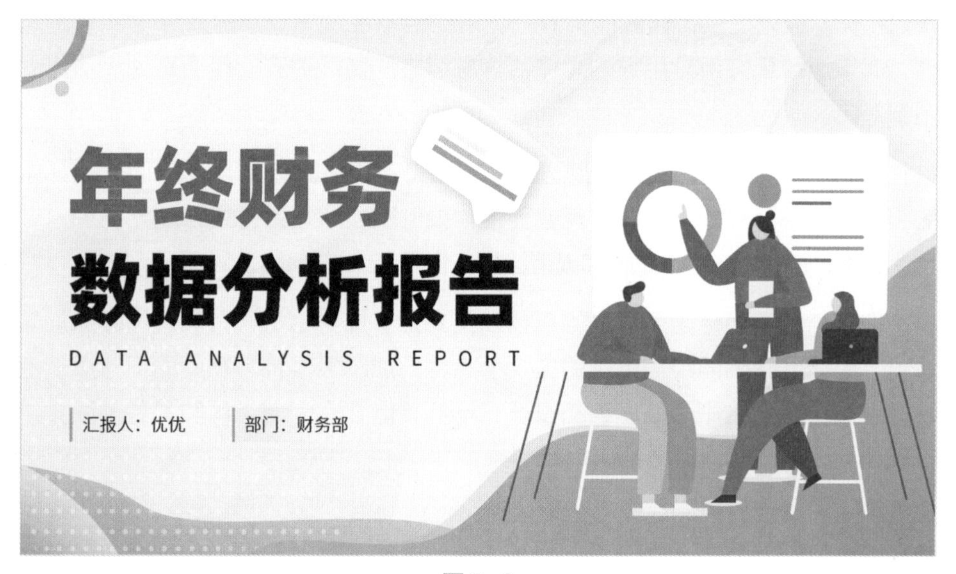

图 9-3

## 9.1.2 年终汇报的数据页

这类页面的内容较少，其主要用于突出数据，如图 9-4 所示。

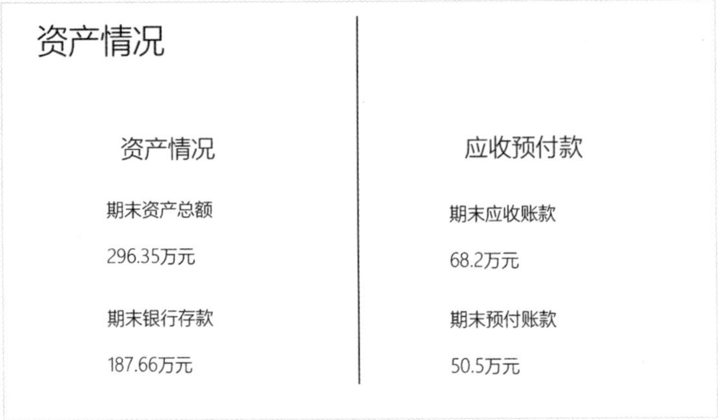

资产情况

资产情况

期末资产总额

296.35万元

期末银行存款

187.66万元

应收预付款

期末应收账款

68.2万元

期末预付账款

50.5万元

图 9-4

分析内容：内容较少，不需要划分段落和精简文案，但要重点突出其中的数据，因此把数据前置且放大、加粗。

确定布局：有两个信息组，左右布局和上下布局都可以，这里选择左右布局。

设置字体：因为这是工作汇报类 PPT，所以字体沿用黑体。重点部分用粗的黑体，次重点或正文部分用细的黑体。信息组之间做好对齐，且要有大小对比、粗细对比。

进行配色：沿用封面的配色，用蓝紫色渐变突出数据。对于一整套 PPT，如果内容页的配色与封面不一致，就会产生很强的割裂感，这就是有的学员说“做出来的 PPT 不像一套”的主要原因。

修饰细节：给页面标题添加小的形状和英文做修饰；给每一个信息组都添加信息框；用线条分割同组信息中的各个小点；添加图标修饰；在页面下方添加色块增强层次感；给每个信息组都设置三维旋转增强空间感。这些都是前面介绍过的内容，我们在这里全都可以用起来。

完善整体：沿用封面的风格，用淡紫色纹理做背景。

做好的 PPT 页面如图 9-5 所示。

资产情况
资产情况
296.35万元
期末资产总额
187.66万元
期末银行存款
应收预付款
68.2万元
期末应收账款
50.5万元
期末预付账款

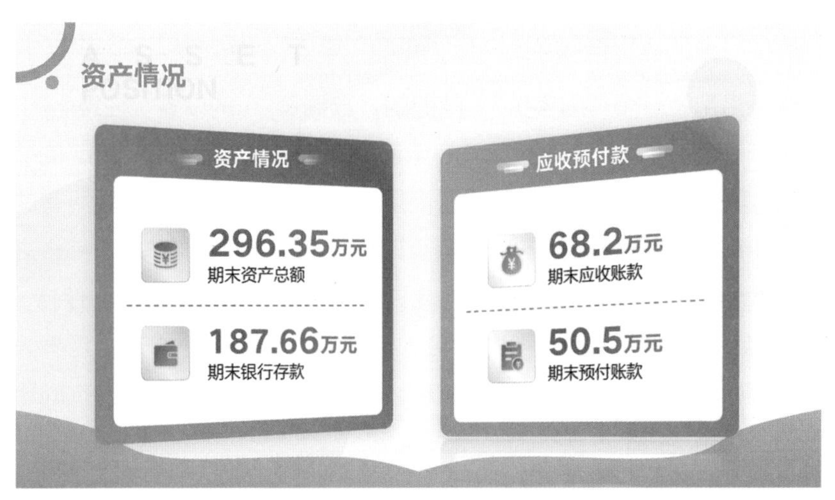

图 9-5

## 9.1.3　年终汇报的 3 段内容页

图 9-6 所示为非常标准的 3 段内容页。

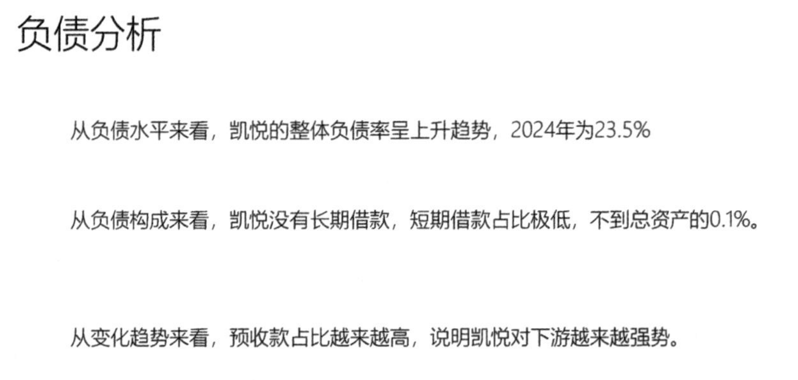

负债分析
从负债水平来看，凯悦的整体负债率呈上升趋势，2024年为23.5%
从负债构成来看，凯悦没有长期借款，短期借款占比极低，不到总资产的0.1%。
从变化趋势来看，预收款占比越来越高，说明凯悦对下游越来越强势。

图 9-6

分析内容：提取小标题“负债水平”“负债构成”“变化趋势”。当文案中既有明显的小标题又有重点数据时，我们优先把小标题提到句前，依然用放大、加粗、标红（注意，这里的标红不是把数据改为红色，而是添加颜色）来突出数据。

确定布局：对于 3 段内容，既可以横向布局，也可以纵向布局，这里纵向布局。

设置字体：沿用第一个“内容页”（前面的“数据页”）的设置。注意，PPT 的封面确定了一套 PPT 的整体基调，但是第一个内容页才是整套 PPT 的“标杆页面”。在第一个内容页中，页面标题使用了“A 字体”，那么之后所有的页面标题都要使用“A 字体”；第一个内容页的正文使用了“B 字体”，那么之后所有的正文都要使用“B 字体”。在条件允许的情况下，字号也要尽量保持一致，即所有内容页的页面标题、小标题、正文及重点数据都统一格式。当然，主要以页面的实际情况为主，不能放不下还硬要用大字号，也不能页面空间明明剩余很多还坚持用 14 号。

进行配色：沿用之前的配色。

修饰细节与完善整体：这里要把修饰细节和完善整体放到一起介绍。如果在第一个内容页中对页面标题和背景都做了特别的设置，那么一定要延续这个设置，这是构建统一性的关键。照常添加其他修饰元素：给每个信息组都添加信息框；给右侧空缺部分添加图标，在丰富页面的同时，也起到了平衡页面的作用。

做好的 PPT 页面如图 9-7 所示。

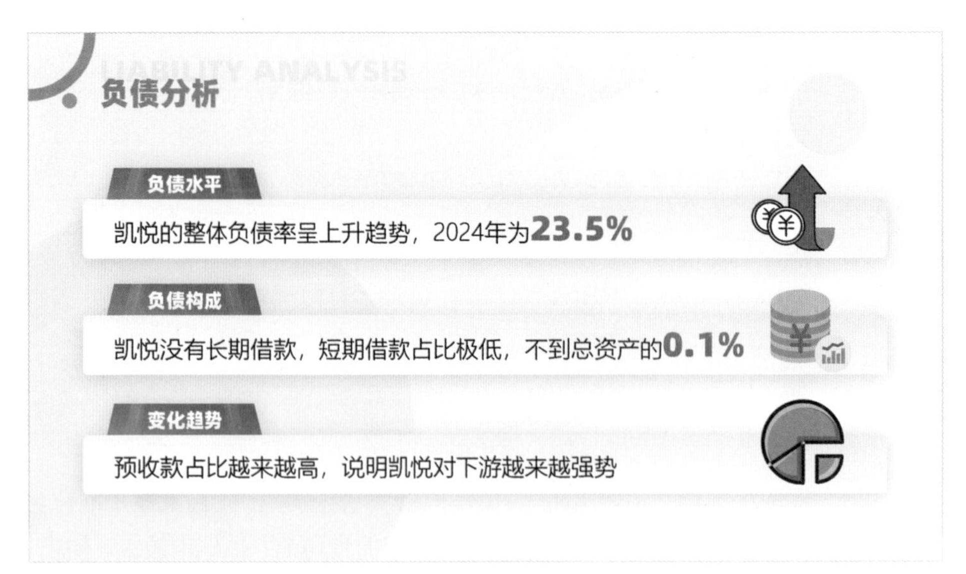


图 9-7

### 9.1.4　年终汇报的表格+图表页

图 9-8 所示的 PPT 页面中用表格和饼图表示了两组数据。

成本分析

| 项目 | 上年实际成本（元） | 本月实际成本（元） | 本年累计实际成本（元） |
|---|---|---|---|
| 原材料 | 24625 | 2130 | 27654 |
| 燃料 | 51206 | 4935 | 49873 |
| 动力 | 71441 | 6632 | 69657 |
| 制造 | 28136 | 2031 | 32265 |
| 人工 | 55764 | 4873 | 59478 |
| 设备 | 86173 | 7592 | 90903 |

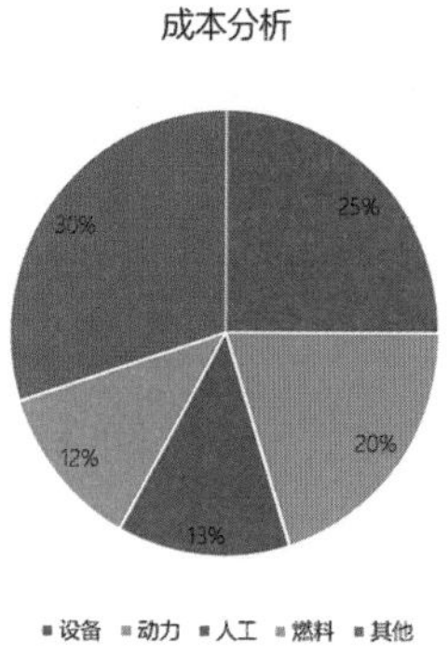

成本分析

30%
25%
20%
13%
12%

■设备 ■动力 ■人工 ■燃料 ■其他

图 9-8

分析内容：只有表格和饼图。

确定布局：对于两组数据，既可以上下布局，也可以左右布局。这里表格中的数据较多，如果上下布局，空间就会十分局促，所以只能左右布局。

设置字体：沿用之前的设置。

进行配色：沿用之前的配色。这里的饼图有 5 个项目，只用蓝色和紫色显然不够。我们可以调整颜色的饱和度及亮度，重新生成几个颜色，让整体尽量保持同系色或者在邻近色的范围内，搭配就不会冲突，例如浅紫色和浅蓝色。

修饰细节和完善整体：页面标题和背景沿用之前的设置；给饼图添加色块让信息区分更明显；添加光线让色块更具质感；使用透明度高的英文字母修饰页面细节；给左侧的表格添加信息框且设置阴影，让表格具有立体感。

做好的 PPT 页面如图 9-9 所示。

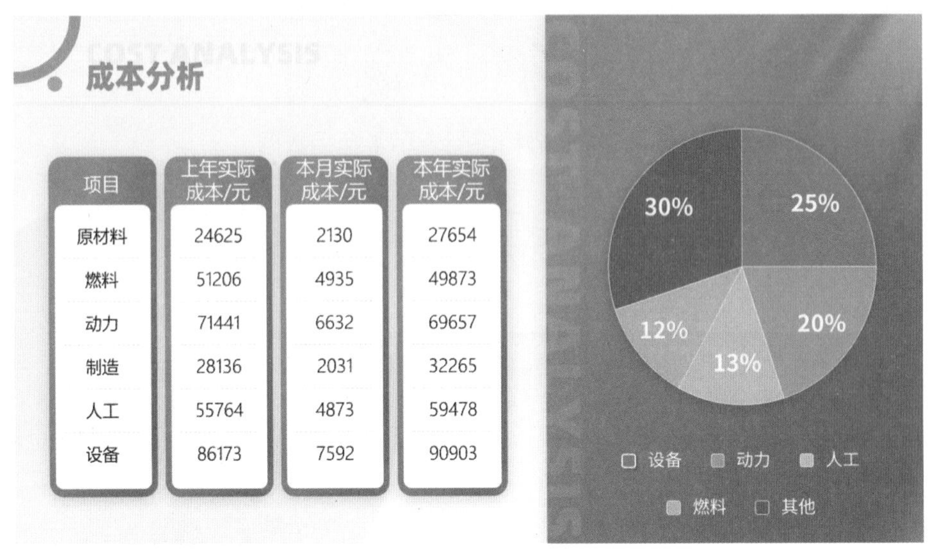


图 9-9

## 9.1.5 年终汇报的文字+图表页

图 9-10 所示为一种非常常见的页面——文字+图表页。

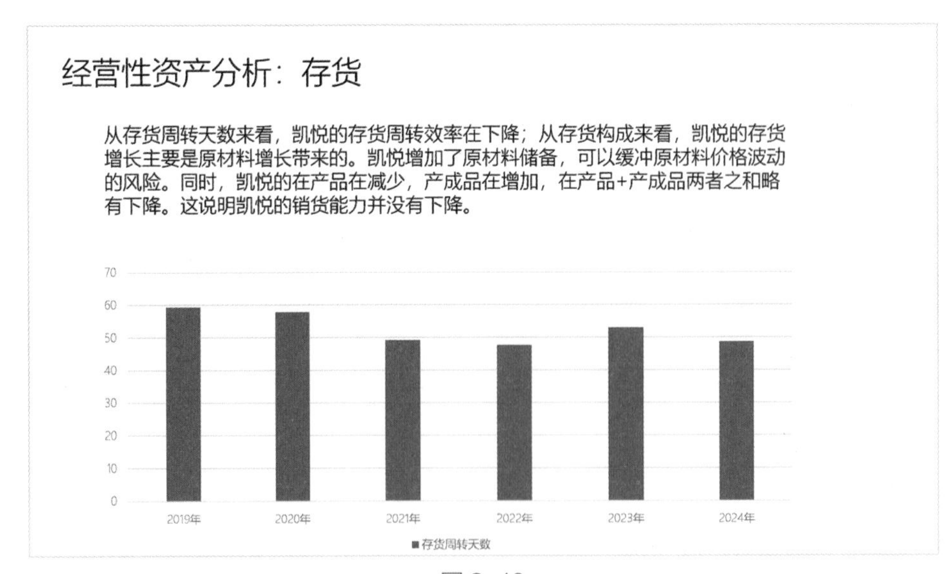


图 9-10

分析内容：先把文字分为 4 个信息组，将“周转天数”“存货构成”“增加原材料储备”“销货能力没有下降”这几个关键词提到句前。

确定布局：主要分为文字和图表两个板块。所以，既可以左右布局，也可以上下布局，这里依然左右布局。把文字置于左侧，把图表置于右侧。置于左侧的文字可以分为 4 个信息组，这 4 个信息组在左侧的空间中可以纵向布局。

设置字体：沿用之前的设置。图表的名称可以被看成“小标题”，用略粗的字体。图表的其他信息被看成“正文”，用较细的字体。

进行配色：沿用之前的配色。

修饰细节和完善整体：页面标题和背景沿用之前的设置；给左侧的文字信息组各自添加信息框；给右侧的图表添加色块，在色块下方再增加一层不规则色块可以增加页面的层次感；用横线修饰图表标题；用立体形状填充柱形图里的“柱子”。

做好的 PPT 页面如图 9-11 所示。

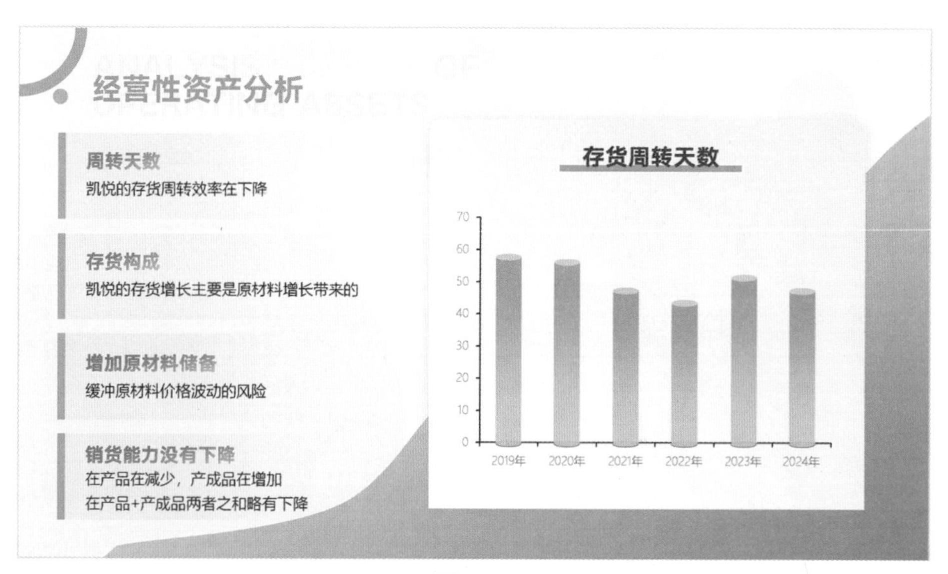


图 9-11

这套 PPT 就做完了，我们来看一下最终的效果，如图 9-12 所示。

图 9-12

## 9.2 企业简介

第二个案例是关于企业简介的，如图 9-13 所示。

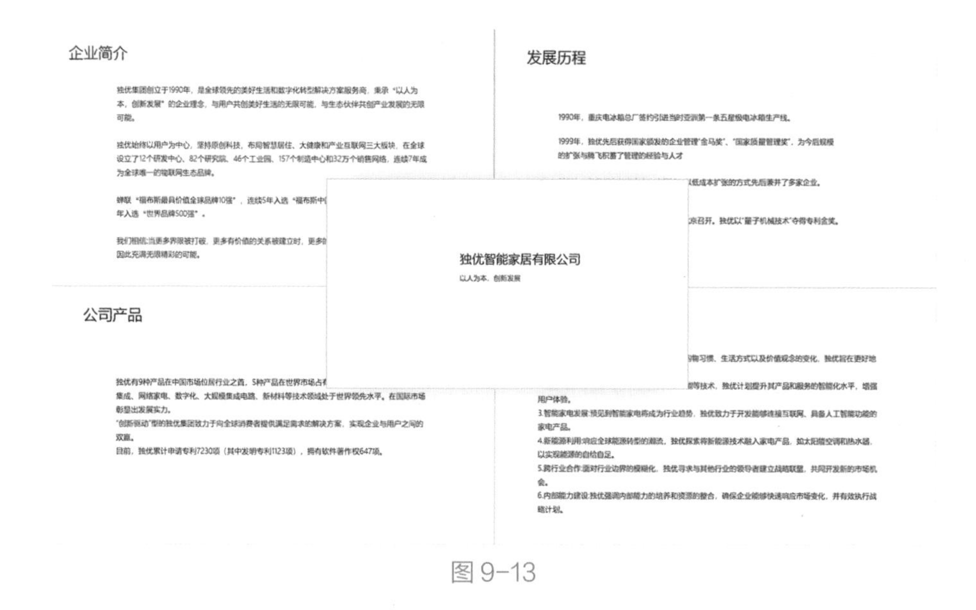


图 9-13

## 9.2.1　企业简介的封面

封面的内容只有企业名称和企业理念，如图 9-14 所示[①]。

图 9-14

① 独优智能家居有限公司是一个虚拟的企业。

从封面的内容中可以分析出，这是一家“家居”企业，所以在素材选取方面，我们要选择与“家居”相关的素材，可以搭配一张“家居”的图片进行页面设计，在图片上添加光影更能突显场景的质感。企业理念是“以人为本，创新发展”，PPT 的风格可以围绕企业理念进行设计。因此，在配色上，如果我们不考虑企业的 Logo 色，那么可以选择“创新发展”主题的代表色——绿色作为这套 PPT 的主色。因为封面主标题太单调，所以我们设置了渐变，并用汉语拼音副标题来修饰。为了营造层次感，在页面下方叠加绿色渐变色块。可以用图标和纹理素材简单修饰一下页面中较空的地方。做好的 PPT 页面如图 9-15 所示。

图 9-15

## 9.2.2 企业简介的企业介绍页

这类页面主要以文字为主，一般介绍企业的基本情况和取得的一些成就，如图 9-16 所示。

分析内容：把文字进行分段，以企业名称、成立时间、企业性质、重要数据等作为划分依据，把重复和赘述类信息删掉，如图 9-17 所示。

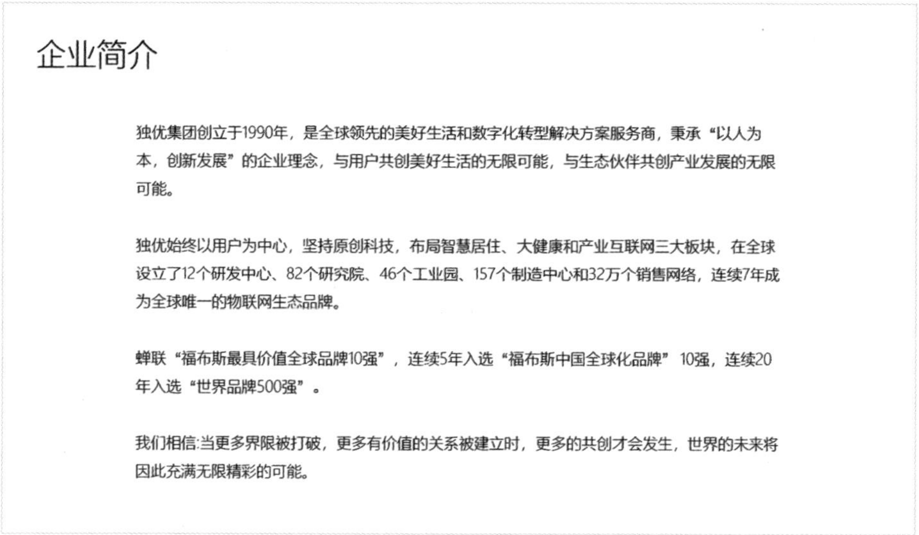

企业简介

独优集团创立于1990年，是全球领先的美好生活和数字化转型解决方案服务商，秉承“以人为本，创新发展”的企业理念，与用户共创美好生活的无限可能，与生态伙伴共创产业发展的无限可能。

独优始终以用户为中心，坚持原创科技，布局智慧居住、大健康和产业互联网三大板块，在全球设立了12个研发中心、82个研究院、46个工业园、157个制造中心和32万个销售网络，连续7年成为全球唯一的物联网生态品牌。

蝉联“福布斯最具价值全球品牌10强”，连续5年入选“福布斯中国全球化品牌”10强，连续20年入选“世界品牌500强”。

我们相信:当更多界限被打破，更多有价值的关系被建立时，更多的共创才会发生，世界的未来将因此充满无限精彩的可能。

图 9-16

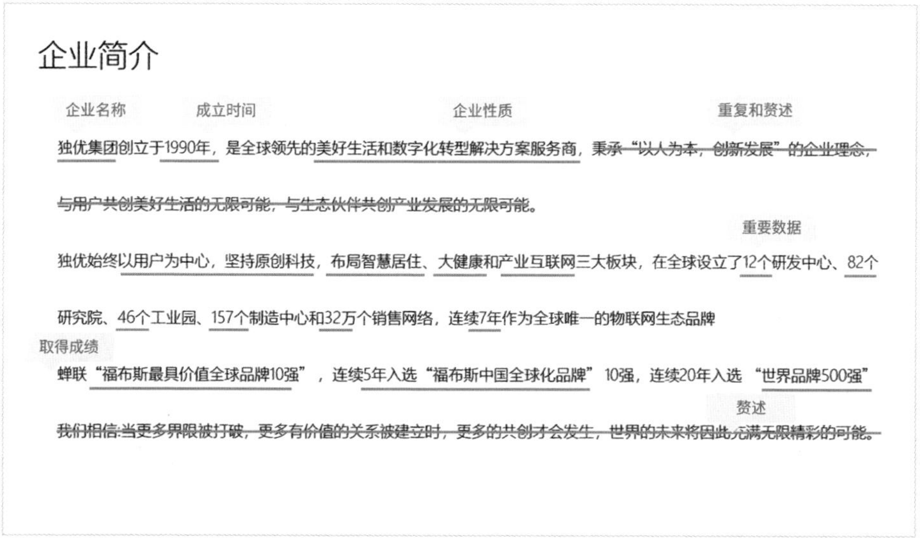

企业简介

企业名称　成立时间　企业性质　重复和赘述

独优集团创立于1990年，是全球领先的美好生活和数字化转型解决方案服务商，~~秉承“以人为本，创新发展”的企业理念，~~

~~与用户共创美好生活的无限可能，与生态伙伴共创产业发展的无限可能。~~

重要数据

独优始终以用户为中心，坚持原创科技，布局智慧居住、大健康和产业互联网三大板块，在全球设立了12个研发中心、82个

研究院、46个工业园、157个制造中心和32万个销售网络，连续7年作为全球唯一的物联网生态品牌

取得成绩

蝉联“福布斯最具价值全球品牌10强”，连续5年入选“福布斯中国全球化品牌”10强，连续20年入选“世界品牌500强”

赘述

~~我们相信:当更多界限被打破，更多有价值的关系被建立时，更多的共创才会发生，世界的未来将因此充满无限精彩的可能。~~

图 9-17

确定布局：把文字处理后剩下的关键信息并不多，如果将其分散在整个页面中进行排版就会显得很空，所以我们依然将所有文字挪至一侧，在另一侧添加图

片辅助布局。对于企业介绍页，我们可以多尝试用无背景的城市建筑类图片，更能提升页面的格调。

设置字体：商务风格的 PPT 中的字体用黑体，个别需要突出的句子也可以用宋体或者书法体，但主要还是用黑体才可以保证内容的可读性。标题用粗的黑体，页面标题的字号通常大于等于 28 号，小标题的字号通常大于等于 18 号。正文用细的黑体，正文的字号为 14～18 号，行间距为 1.2～1.5 倍。前面介绍过这些内容，这里再温习一遍，在后面的案例中就不赘述了。

进行配色：以浅绿色为主，搭配同系色做渐变。

修饰细节：给页面标题添加修饰；给三大板块和重点数据添加载体突出显示；用麦穗图形点缀取得的成就，在旁边放上奖杯让氛围感更强；给右侧的图片叠加上曲形色块增加页面的层次感；给右上空缺部分添加企业名称做文字水印设计平衡页面。

完善整体：在页面元素已经很丰富的情况下背景就不能过于复杂，这里用浅绿色和白色做渐变背景即可。

做好的 PPT 页面如图 9-18 所示。

图 9-18

### 9.2.3　企业简介的发展历程页

发展历程页是非常典型的时间轴页面，如图 9-19 所示。

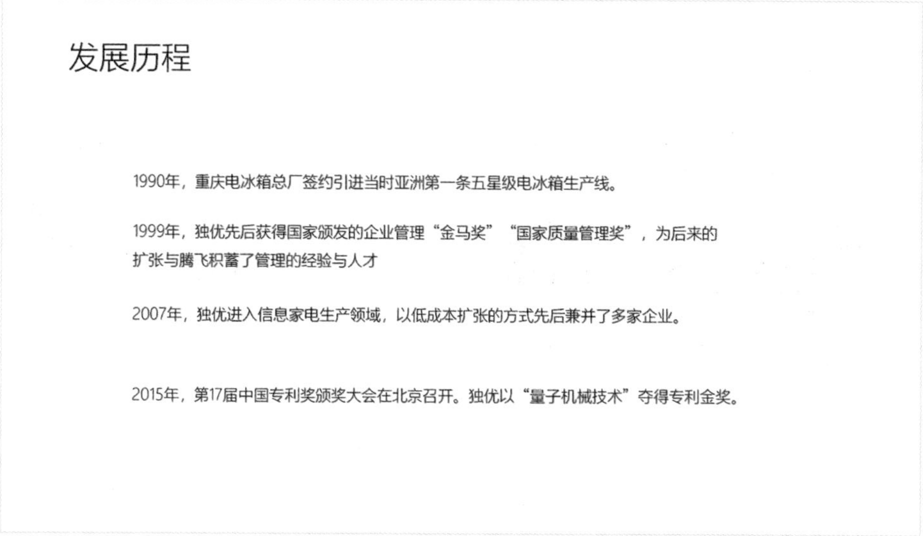

发展历程

1990年，重庆电冰箱总厂签约引进当时亚洲第一条五星级电冰箱生产线。

1999年，独优先后获得国家颁发的企业管理“金马奖”“国家质量管理奖”，为后来的扩张与腾飞积蓄了管理的经验与人才

2007年，独优进入信息家电生产领域，以低成本扩张的方式先后兼并了多家企业。

2015年，第17届中国专利奖颁奖大会在北京召开。独优以“量子机械技术”夺得专利金奖。

图 9-19

分析内容：将时间提取出来，明确时间节点。

确定布局：对于时间轴，我们有一种有创意的布局方式，叫沿线布局，即选择某个物体作为参照物，将文字内容大致沿物体边缘线摆放。这里的主题是“智能家居”，我们依然选择与主题相关的图片，将文字依次放置在图片上方。注意：既然是企业发展历程，那么整体的发展趋势应该是向上的，即使没有那么贴合图片，也应该保持向上的趋势，如图 9-20 所示。

设置字体和进行配色：沿用前页的设置。

修饰细节和完善整体：现在的背景图片是灰色的，黑色的文字放在图片上影响了可读性，添加一层浅绿色渐变蒙版，既能和之前页面的背景相呼应，也能提高文字的可读性；通常要给时间轴加引导线，以便更好地与图片连接；在页面下方叠加色块增加层次感；页面标题沿用前页的设计。

做好的 PPT 页面如图 9-21 所示。

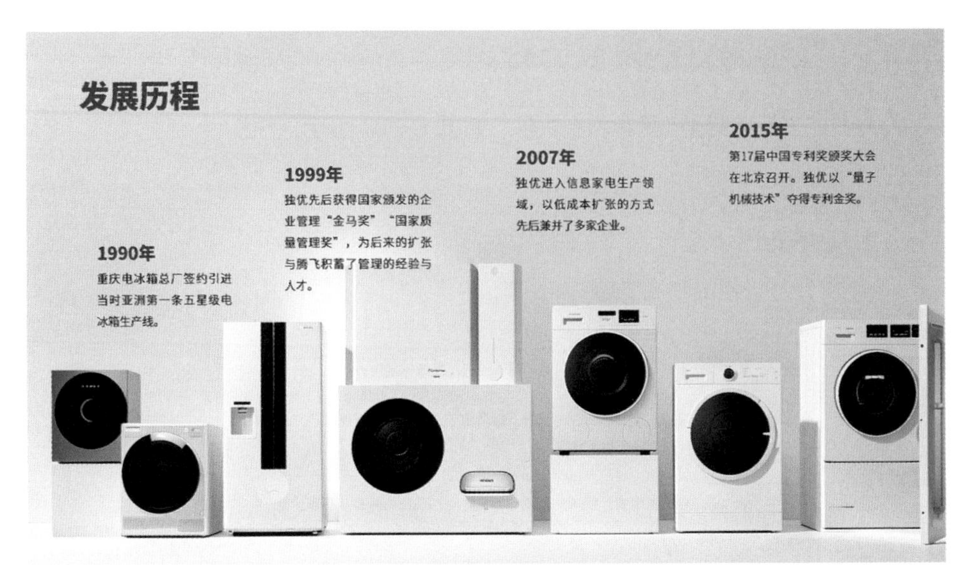


图 9-20

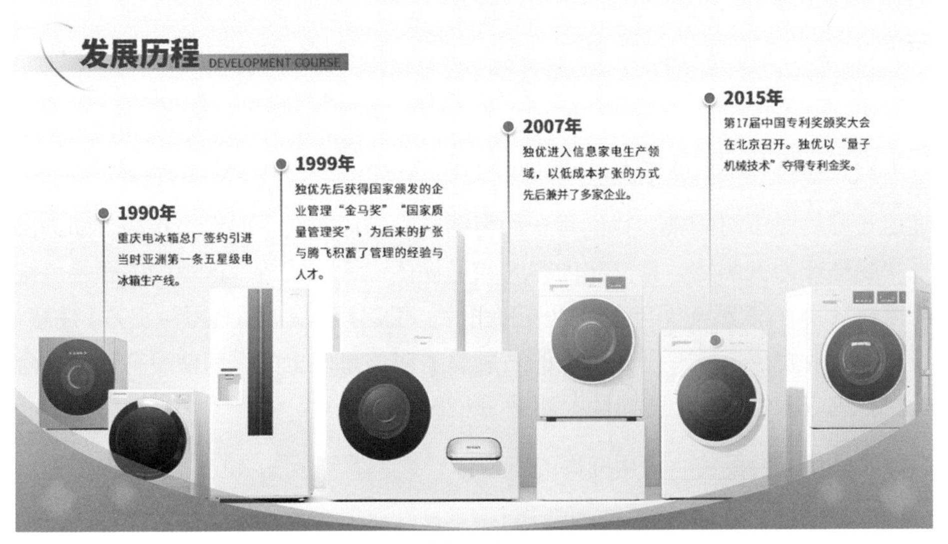


图 9-21

### 9.2.4 企业简介的产品专利页

这种页面主要的目的是突出产品取得的一些成绩和荣誉，如图 9-22 所示。

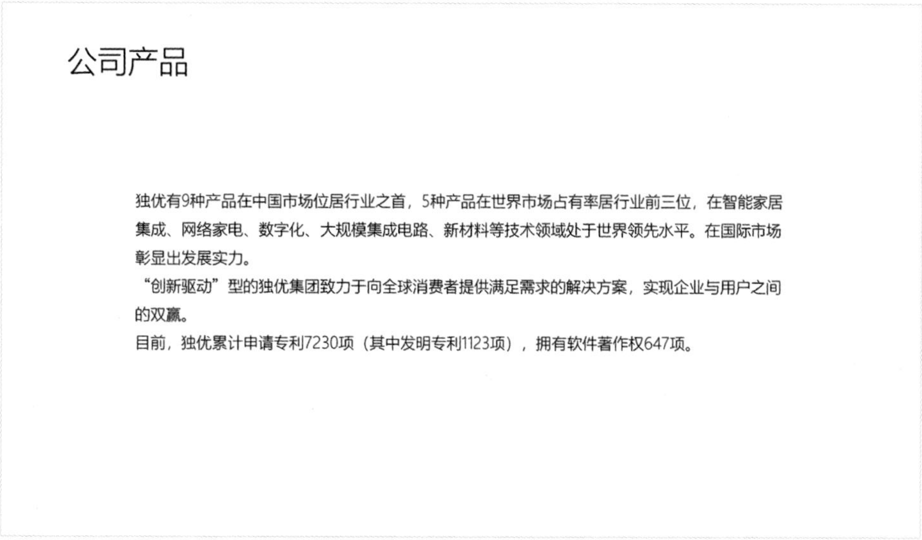

公司产品

独优有9种产品在中国市场位居行业之首，5种产品在世界市场占有率居行业前三位，在智能家居集成、网络家电、数字化、大规模集成电路、新材料等技术领域处于世界领先水平。在国际市场彰显出发展实力。

“创新驱动”型的独优集团致力于向全球消费者提供满足需求的解决方案，实现企业与用户之间的双赢。

目前，独优累计申请专利7230项（其中发明专利1123项），拥有软件著作权647项。

图 9-22

分析内容：把文字按小主题分段，删掉非重点内容，突出展示重点内容，如图 9-23 所示。

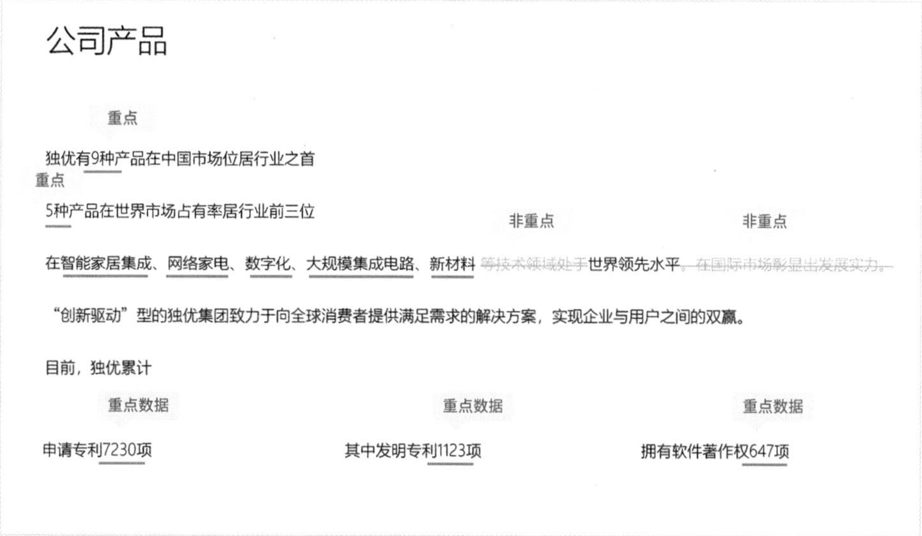

公司产品

重点

独优有9种产品在中国市场位居行业之首

重点

5种产品在世界市场占有率居行业前三位

非重点　　非重点

在智能家居集成、网络家电、数字化、大规模集成电路、新材料~~等技术领域处于~~世界领先水平~~。在国际市场彰显出发展实力。~~

“创新驱动”型的独优集团致力于向全球消费者提供满足需求的解决方案，实现企业与用户之间的双赢。

目前，独优累计

重点数据　　重点数据　　重点数据

申请专利7230项　　其中发明专利1123项　　拥有软件著作权647项

图 9-23

确定布局：文字可以分成 3 个信息组：产品、领先领域、专利和著作权。对于 3 个信息组，可以横向布局，也可以纵向布局。这里不是标准的并列关系，横向布局不太合适，纵向布局的自由度会大很多。如果纵向布局，那么只能依次从上向下排列“领先领域”和“专利和著作权”。这样的布局方式是不会出错的，但略显平庸。你在没有灵感时可以使用这个布局方式，但在这里，我们尝试更多的可能性。

试着将“领先领域”和“专利和著作权”并列排列，可以矩阵布局前者，而纵向布局后者，使得页面的整体构图更丰富，最终形成 1+2 的构图形式，如图 9-24 所示。

图 9-24

设置字体和进行配色：沿用前页的设计。

修饰细节及完善整体：对数字使用三维旋转打造立体效果，视觉冲击力更强；给信息组添加信息框；给小标题添加修饰框；给关键词添加载体；用立体饼图展示“专利和著作权”，使其更直观；页面标题、背景和页面下方色块沿用前页的设计。

做好的 PPT 页面如图 9-25 所示。

图 9-25

## 9.2.5　企业简介的 6 段内容页

图 9-26 所示为纯文字页面，而且是非常标准的 6 段内容页。

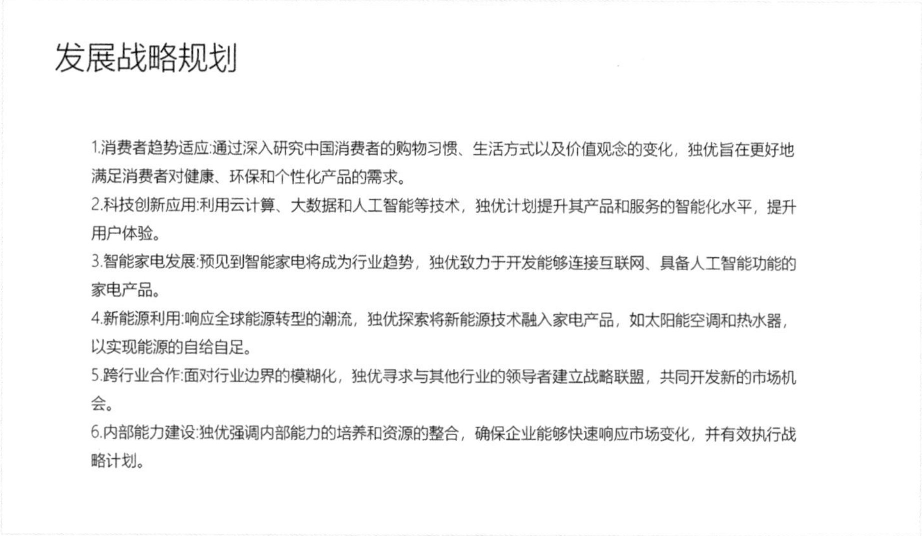

发展战略规划

1.消费者趋势适应:通过深入研究中国消费者的购物习惯、生活方式以及价值观念的变化，独优旨在更好地满足消费者对健康、环保和个性化产品的需求。

2.科技创新应用:利用云计算、大数据和人工智能等技术，独优计划提升其产品和服务的智能化水平，提升用户体验。

3.智能家电发展:预见到智能家电将成为行业趋势，独优致力于开发能够连接互联网、具备人工智能功能的家电产品。

4.新能源利用:响应全球能源转型的潮流，独优探索将新能源技术融入家电产品，如太阳能空调和热水器，以实现能源的自给自足。

5.跨行业合作:面对行业边界的模糊化，独优寻求与其他行业的领导者建立战略联盟，共同开发新的市场机会。

6.内部能力建设:独优强调内部能力的培养和资源的整合，确保企业能够快速响应市场变化，并有效执行战略计划。

图 9-26

这种标准的并列内容非常好做 PPT，连小标题都是现成的，可以直接提取出来。对于 6 段内容，矩阵布局非常合适。给每段内容都添加信息框，让其在视觉上更加整齐统一；用渐变字符修饰小标题；给信息框右上角空缺的地方添加透明数字做点缀；字体、配色、页面标题、背景、地脚（页面下方区域）沿用前页的设计即可。

做好的 PPT 页面如图 9-27 所示。

图 9-27

这套 PPT 就完成了，我们来看一下最终的效果，如图 9-28 所示。

图 9-28

## 9.3 学术课题

学术风格的 PPT 的主要特点是简洁、严谨、逻辑性强。与商务风格的 PPT 相比，我们在处理这类页面时要减少对图片的依赖，如图 9-29 所示。

图 9-29

## 9.3.1 学术课题的封面

封面的内容如图 9-30 所示。

图 9-30

在遇到内容非常少的页面时，我们可以从文字本身下功夫，将关键词提取出来，将其放大后用特殊字体增强视觉效果，剩余的文字可以用宋体，契合主题气质。学术风格的 PPT 较严谨，这里不再用图片来提升页面效果，而是用射线渐变。我们选择深蓝色为主色，这个颜色给人稳重、理智及可靠的心理感受，用来做学术风格的 PPT 再合适不过。我们选择浅咖色为辅色，与深蓝色形成对比，同时给背景辅以光线增加质感。每当觉得页面比较普通时，我们都可以在下方叠加两层色块，前面多次用到这个方法。可以在色块上方叠加一层城市的剪影形状，增加透明度，在视觉上画面会更丰富。用小的形状修饰页面大面积留白的地方，提升页面的精致度。

做好的 PPT 页面如图 9-31 所示。

图 9-31

## 9.3.2　学术课题的概要特点页

主题明确的页面往往是非常好排版的，如图 9-32 所示。

分析内容：在 PPT 中，但凡涉及“谁说了什么”这种句型，都可以把“谁”放到句尾，先呈现观点。

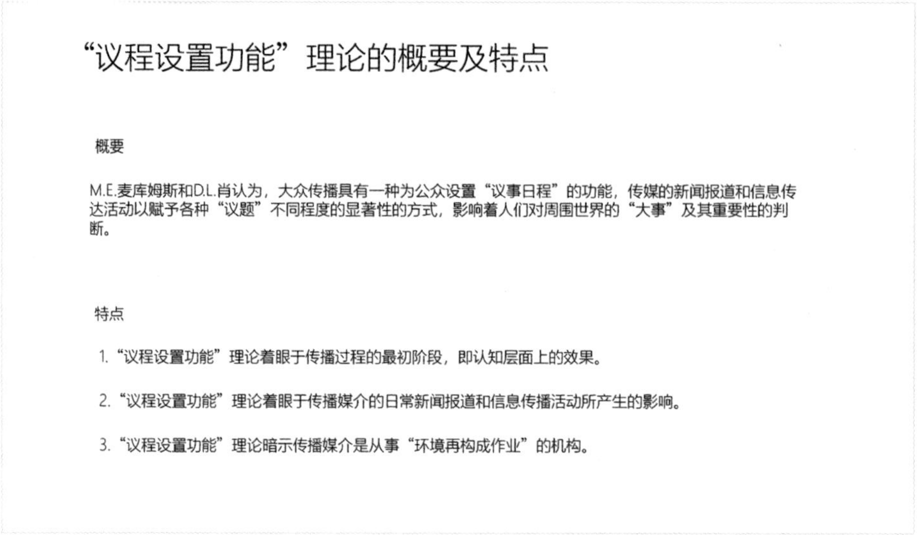

“议程设置功能”理论的概要及特点

概要

M.E.麦库姆斯和D.L.肖认为，大众传播具有一种为公众设置“议事日程”的功能，传媒的新闻报道和信息传达活动以赋予各种“议题”不同程度的显著性的方式，影响着人们对周围世界的“大事”及其重要性的判断。

特点

1. “议程设置功能”理论着眼于传播过程的最初阶段，即认知层面上的效果。
2. “议程设置功能”理论着眼于传播媒介的日常新闻报道和信息传播活动所产生的影响。
3. “议程设置功能”理论暗示传播媒介是从事“环境再构成作业”的机构。

图 9-32

确定布局：对于两段内容，既可以左右布局，也可以上下布局。这个案例对这两种布局方式的适应性都非常强。如果左右布局，把“概要”放在左边，把“特点”放在右边，而“特点”有 3 点内容，那么可以纵向布局右边区域的 3 点内容（3 个信息组）。在 PPT 中，但凡遇到这种主题明确，但是主题间的内容不是并列关系的，且数量差距大时，都可以先将页面一分为二，再在板块内布局内容，如图 9-33 所示。

上下布局同理，把“概要”置于页面上方，把“特点”置于页面下方，在下方区域横向布局 3 点内容。

设置字体：标题用宋体，增加页面的学术氛围。黑体的可读性比宋体的可读性强，所以正文仍然用黑体。我们在做任何风格的 PPT 时，标题的字体可以有诸多变化，但是正文使用黑体就可以了。其他字体沿用之前的设置。

进行配色：沿用封面的配色。

修饰细节：给每个信息组都添加信息框；用图标点缀信息框的空缺部分；把标题错位摆放，用圆修饰；用形状修饰页面标题。

完善整体：沿用封面的深蓝色，用圆角矩形框确定版心，将所有内容放置在版心内，页面显得整齐、有序。

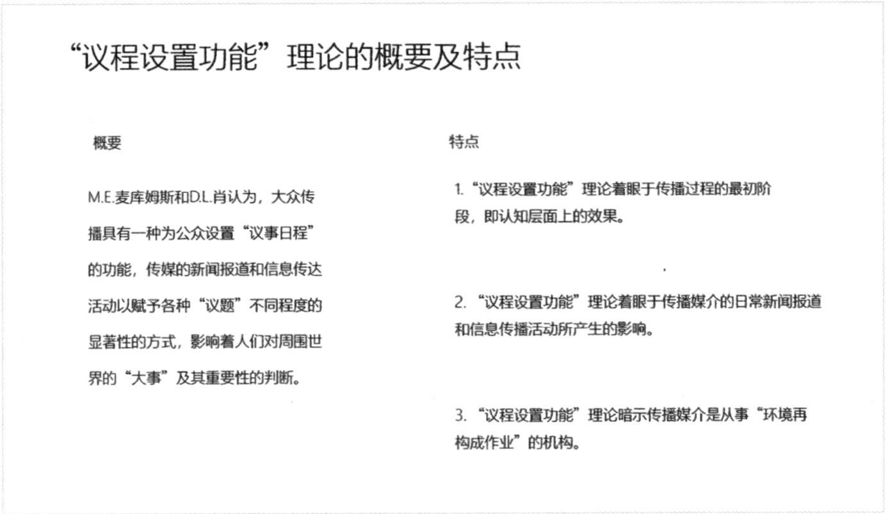

“议程设置功能”理论的概要及特点

概要

M.E.麦库姆斯和D.L.肖认为，大众传播具有一种为公众设置“议事日程”的功能，传媒的新闻报道和信息传达活动以赋予各种“议题”不同程度的显著性的方式，影响着人们对周围世界的“大事”及其重要性的判断。

特点

1. “议程设置功能”理论着眼于传播过程的最初阶段，即认知层面上的效果。

2. “议程设置功能”理论着眼于传播媒介的日常新闻报道和信息传播活动所产生的影响。

3. “议程设置功能”理论暗示传播媒介是从事“环境再构成作业”的机构。

图 9-33

做好的 PPT 页面如图 9-34 所示。

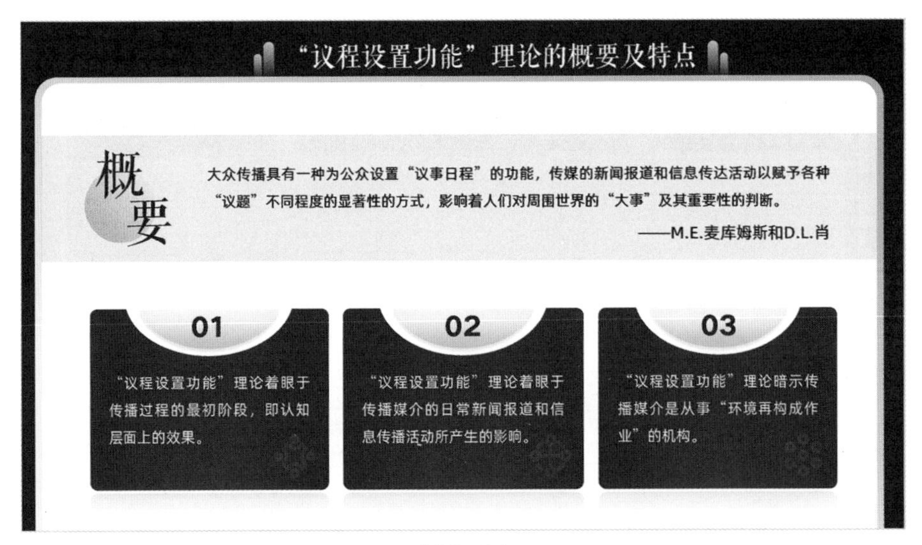


图 9-34

## 9.3.3　学术课题的 3 句内容页

这种页面排版的难点在于内容太少，一不小心就会造成页面留白过多，如图 9-35 所示。

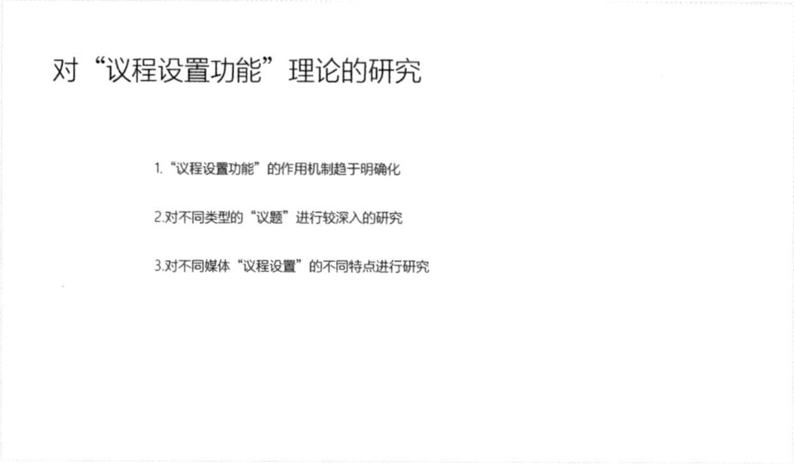

对“议程设置功能”理论的研究
1.“议程设置功能”的作用机制趋于明确化
2.对不同类型的“议题”进行较深入的研究
3.对不同媒体“议程设置”的不同特点进行研究

图 9-35

前面介绍过类似的一句话页面，处理方法是将关键数据放大，然后依赖图片打造视觉效果。这里不用图片，可以用创意形状增加图版率（图版率是指图形和图片占据的画面的比例），将数字放大做立体字效果，配合创意形状，打造超强的空间感，如图 9-36 所示。

对“议程设置功能”理论的研究
1
『议程设置功能』的
作用机制趋于明确化
2
对不同类型的『议题』
进行较深入的研究
3
对不同媒体『议程设置』
的不同特点进行研究

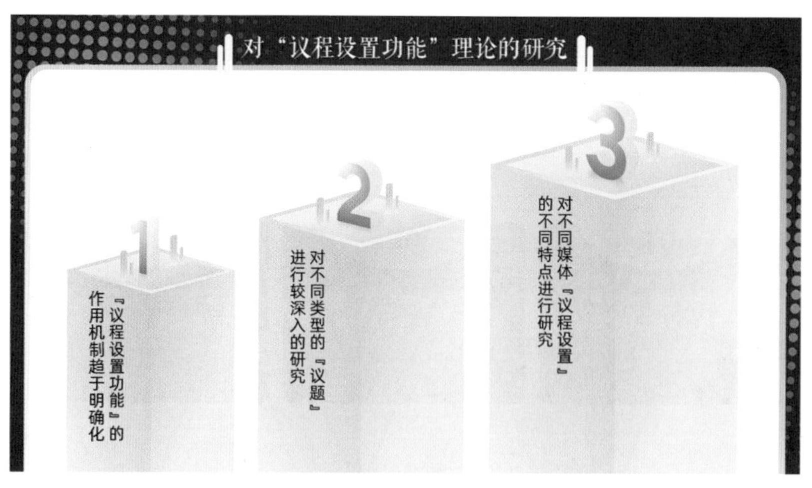

图 9-36

## 9.3.4 学术课题的理论意义页

接下来，给理论意义页排版。这类页面很简单，排版唯一的难点可能就在于两段内容的多少差距大，并列排版会导致页面失衡，如图 9-37 所示。

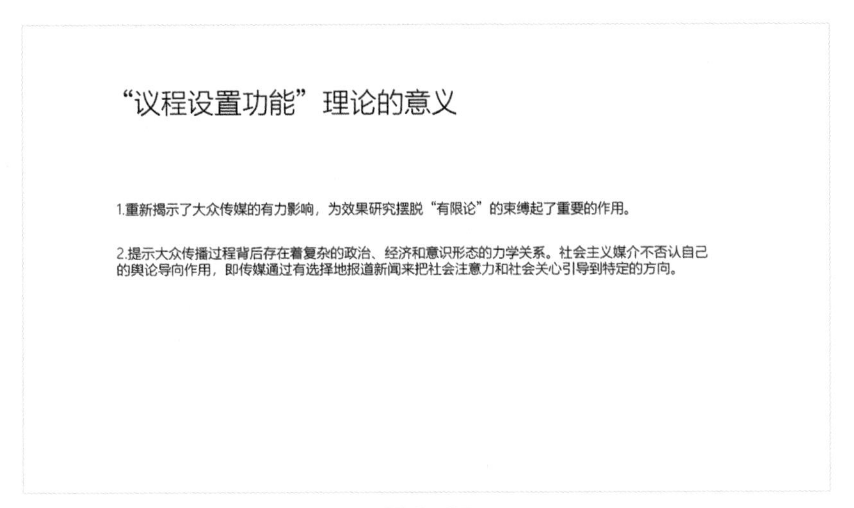


图 9-37

处理这样的内容有个小技巧：观察内容多的那段内容，看其是否可以拆分。如果拆分后不影响意思表达，那么我们完全可以将其一分为二，让页面变成标准的 3 段式，直接将其横向布局，再添加三维文本框和图标做修饰，在下方用梯形营造进深感，进一步加强空间效果。其他效果沿用前页的设计，做好的 PPT 页面如图 9-38 所示。

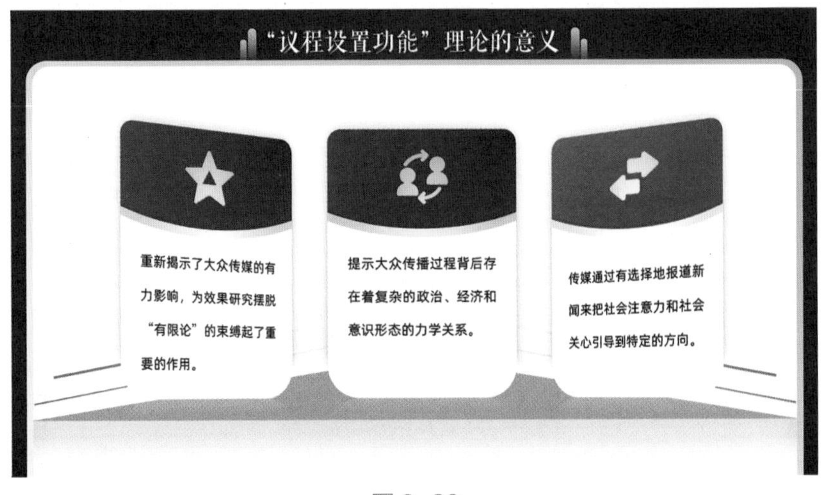


图 9-38

## 9.3.5 学术课题的 5 句内容页

这页的内容也比较少，如图 9-39 所示。

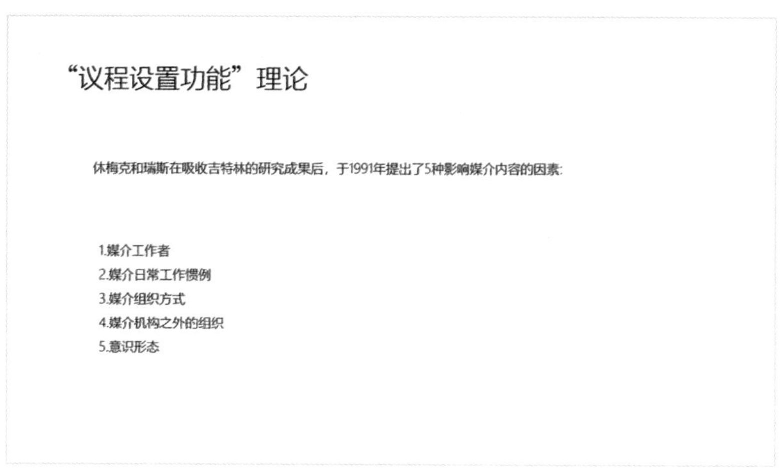


图 9-39

我们依然可以使用前面的方法：对于内容少的页面，利用创意形状增加图版率。

分析内容：这 5 句话的关系是严格的并列关系，那么我们可以做半环绕型布局，放大中间的形状可以很好地解决页面留白过多的问题，如图 9-40 所示。

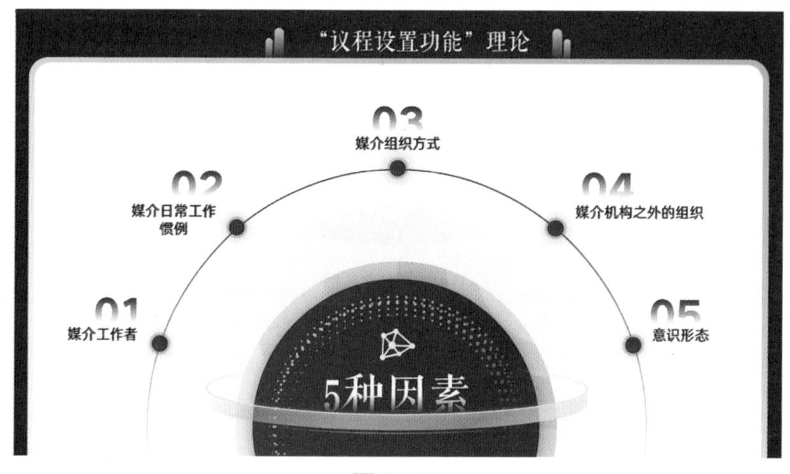


图 9-40

下面看一下最终的效果，如图 9-41 所示。

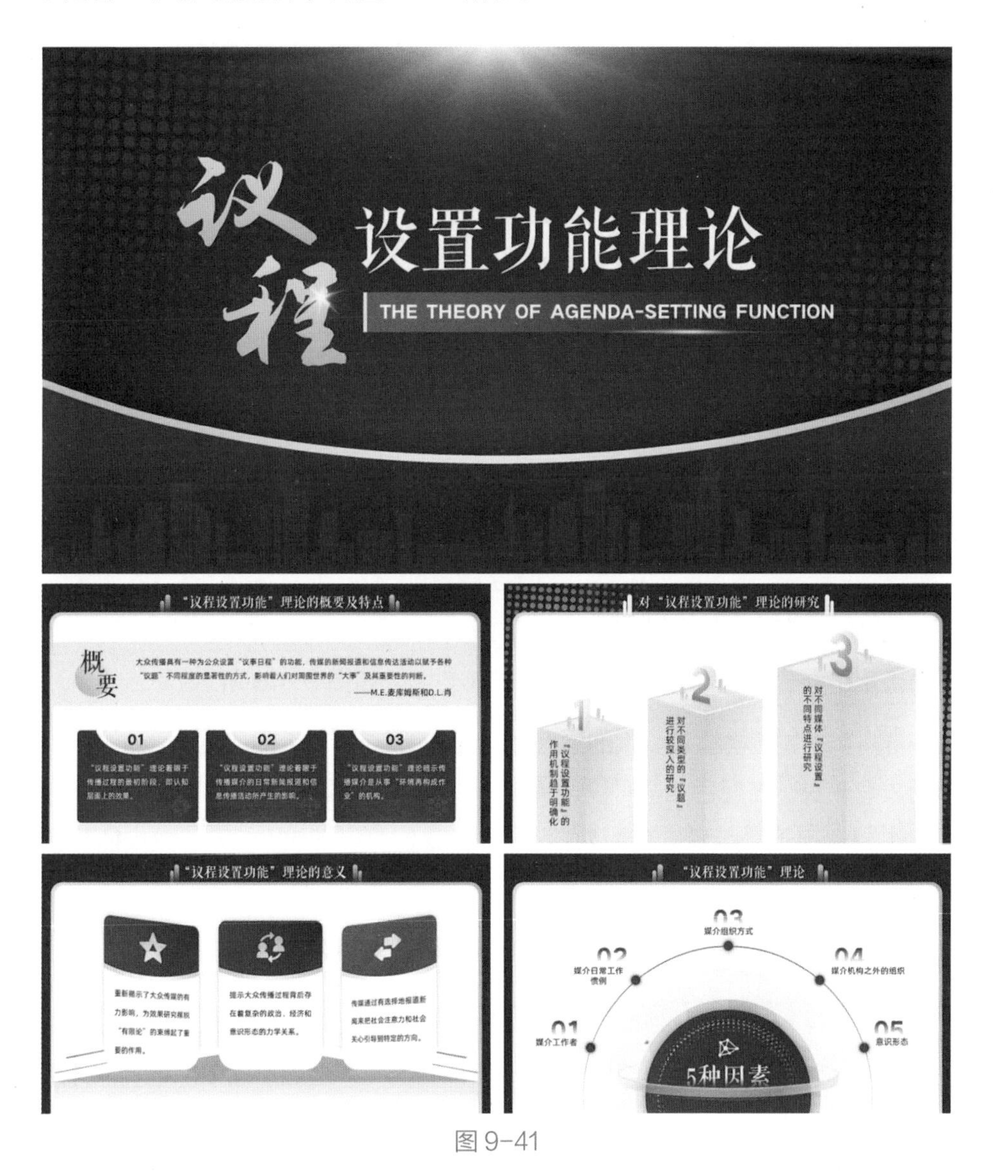


图 9-41

## 9.4　营销方案

图 9-42 所示为一个营销方案 PPT。

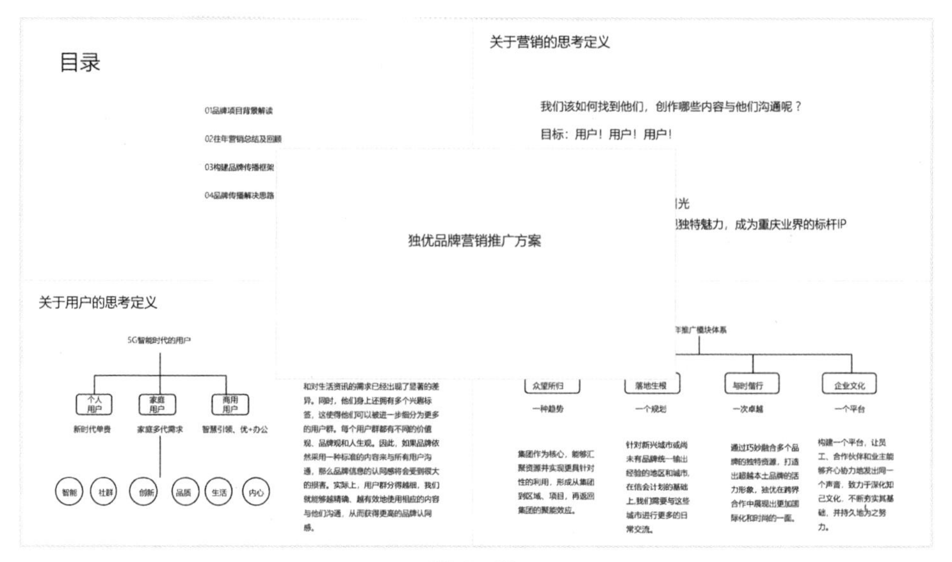


图 9-42

## 9.4.1　营销方案的封面

封面确定了整套 PPT 的基调，依然先美化封面，如图 9-43 所示。

营销推广类的主题需要吸引人的注意力，所以我们在 PPT 的风格上，应该偏向于活泼、轻快。在配色上，可以选择较为鲜亮、清新的颜色。对整体的元素选择，也要偏向于“年轻、有活力”。最终，我们可以把这套 PPT 做成插画风格的。

分析内容：封面主标题较长，可以将其分成两行，用英文副标题修饰。

确定布局：左右布局，在页面的右侧添加插画元素。

设置字体：因为这是商务风格的 PPT，所以封面主标题的字体依然选择黑体。

进行配色：选择高饱和度的蓝色和亮蓝色做渐变。低饱和度、低亮度的蓝色会给人沉闷和稳重的心理感受，但是一旦增加饱和度和亮度，就会让人觉得年轻、有活力。

修饰细节：在插画后方垫上渐变平行四边形增加层次感；给色块空缺部分设计文字水印；给页面的左上角添加三个圆形，以便平衡页面。

独优品牌营销推广方案

图 9-43

完善整体：用浅蓝色天空纹理做背景，在页面的下方叠加云朵。注意：背景色通常与主题色是同系色。

做好的 PPT 页面如图 9-44 所示。

图 9-44

### 9.4.2 营销方案的目录页

目录页属于 PPT 的框架页面，其内容大多为几个短语或词组，如图 9-45 所示。

图 9-45

我们通常把目录页的标题看作一个整体，不会将其分开布局，将内容移至一侧，在另一侧用色块叠加插画的形式辅助布局，字体沿用黑体，在配色上沿用蓝色渐变，给文字添加文本框，同时用图标修饰，在最右侧做文字水印，用浅蓝色格子做背景营造清新、舒适的氛围，如图 9-46 所示。

### 9.4.3 营销方案的关键词页

这类页面的内容没有规律，需要突出其中的几个关键词，如图 9-47 所示。

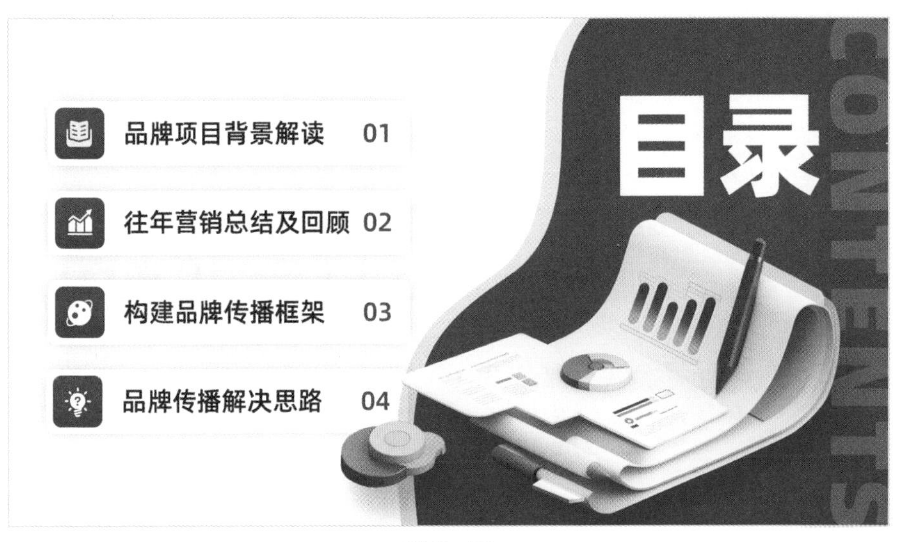


图 9-46

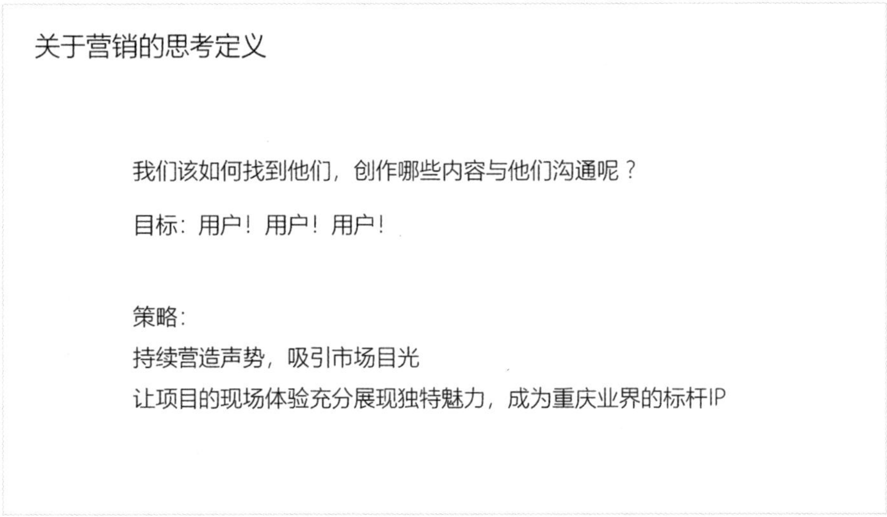

关于营销的思考定义

我们该如何找到他们，创作哪些内容与他们沟通呢？

目标：用户！用户！用户！

策略：

持续营造声势，吸引市场目光

让项目的现场体验充分展现独特魅力，成为重庆业界的标杆IP

图 9-47

“用户”是最需要突出的内容，直接放大、加粗，标为蓝色。对于两段内容，适合上下布局。“用户！用户！用户！”这段内容更像“喊话”，所以在页面的左边可以添加一个喇叭元素。由于这套 PPT 是插画风格的，所以选择插画风格的喇叭元素，同时用渐变形状搭配喇叭，构建场景化设计。修饰页面标题，背景沿用目录页的设计。做好的 PPT 页面如图 9-48 所示。

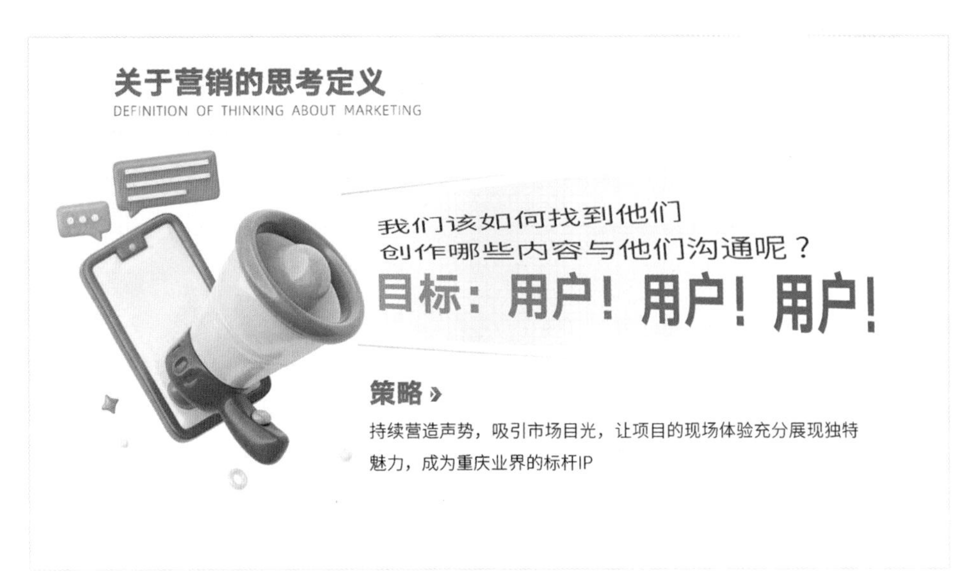


图 9-48

## 9.4.4 营销方案的架构图页

这个页面的排版将会涉及架构图的美化，如图 9-49 所示。

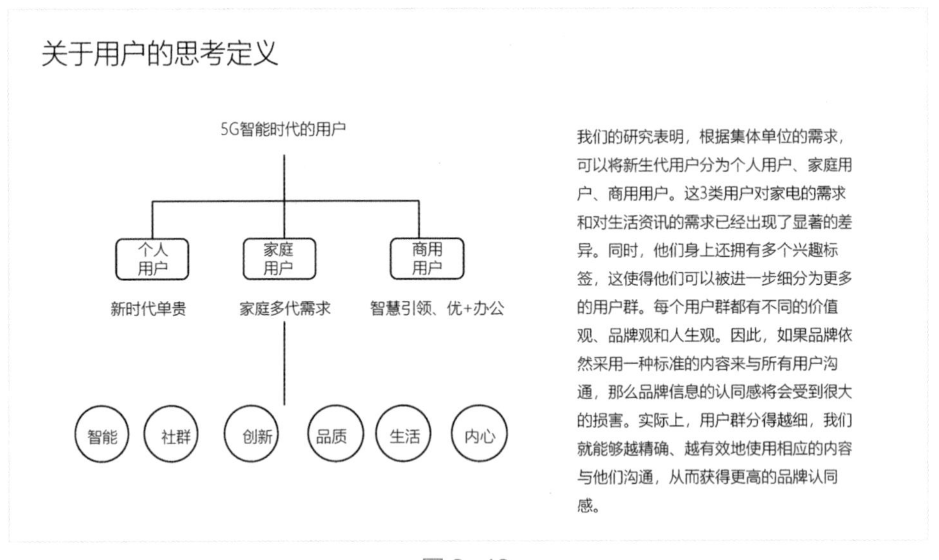


图 9-49

分析内容：页面右侧文字中的部分关键词已经在左侧的架构图中有所体现，所以可以不用再提取出来；对于大段内容，尽量要有标题，如果实在没有办法概括，那么可以把前面总领全段的句子作为小标题；可以删掉非重点内容。

确定布局：内容一共有两个部分，即架构图和文字，可以左右布局。按照阅读顺序，把文字放在左边，把架构图放在右边。

设置字体和进行配色：沿用前页的设置。

修饰细节和完善整体：给小标题添加英文副标题和线条做修饰；给文字添加文本框；给关键词添加修饰框；用图标和数字做点缀；让架构图整体做三维旋转，打破页面的呆板形象；页面标题和背景沿用之前的设置。

做好的 PPT 页面如图 9-50 所示。

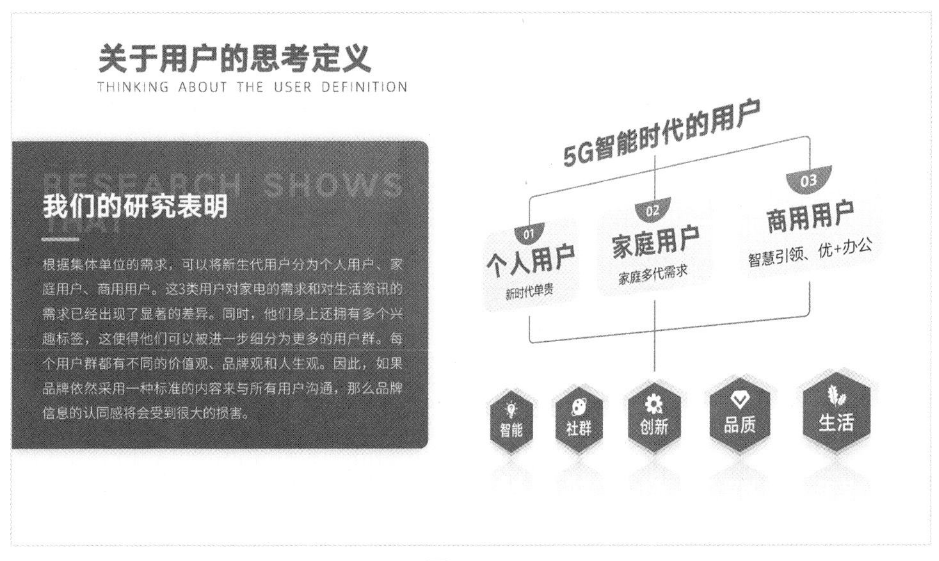


图 9-50

## 9.4.5　营销方案的 4 段内容页

这页看似是架构图，其实要求我们对 4 段内容排版，如图 9-51 所示。

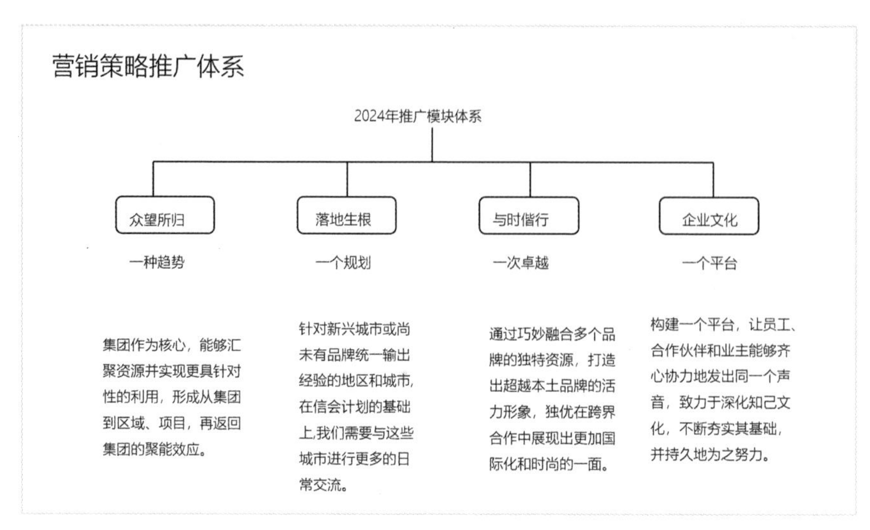


图 9-51

在 PPT 中，这样标准的并列式内容都非常好排版。对于 4 段内容，直接横向布局即可，再给每段内容都添加创意图形。如果创意图形里涉及平台，那么一定要记得给文字添加一个倒影。模拟真实世界的光影效果，会让我们的设计细节更丰富。在小标题部分做拱形设计，是为了与页面标题有所区别，这两个部分的内容本来就高度重合，如果都保持平铺的状态，就会略显单调。其他沿用前页的设计。做好的 PPT 页面如图 9-52 所示。

图 9-52

现在已经全部做好了，一起来看一下最终效果，如图 9-53 所示。

图 9-53

# 第 10 章

# AI 时代的 PPT

2023 年 3 月，微软在伦敦召开了 Microsoft 365 Copilot 发布会，宣布将 AI 工具 Copilot 全面植入 Office 全家桶中。该技术主要运用于工作场景，帮助用户生成文档、幻灯片、电子邮件等。原来需要花费大量时间和精力做 PPT，现在只需要向 Copilot 中输入指令，就能快速创建一套 PPT。

这个消息一经发布，立即掀起一阵狂潮，很多学员问：“老师，我们是不是以后不用自己做 PPT，直接用 AI 工具生成就可以了？”还有一些 PPT 设计师在担忧：“我们是不是快失业了？”

对此，我的看法是，AI 工具要想取代中高级 PPT 设计师，还有很长的路要走，但它已经能够胜任入门或者初级 PPT 设计师的工作。对于普通的工作汇报，AI 工具可以提供一定的助力，但对于较重要的场合，要想依赖 AI 工具做出一套出色的 PPT，目前仍然是不可能的事。

不过，在本书的最后，我想介绍两个国内较成熟的 AI 工具，因为其中有一些功能确实能够提高工作效率。只有对一切事物保持开放和学习的心态，我们才能进步和成长。

## 10.1　iSlide

我们在前面推荐过 iSlide 这个插件。除了具有丰富的素材库和便捷的工具，它还与时俱进地增加了用 AI 生成 PPT 的功能，如图 10-1 所示。

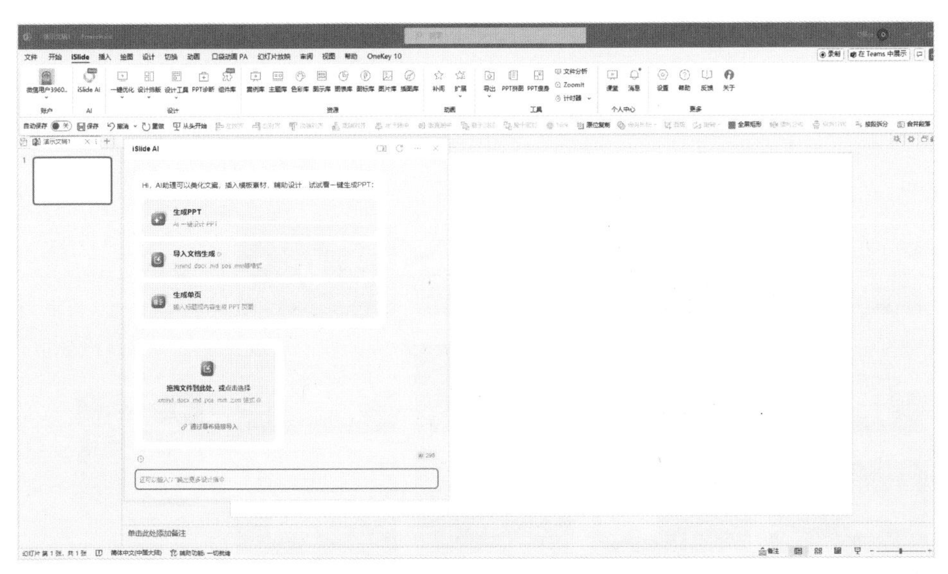


图 10-1

iSlide 的 AI 工具可以直接生成 PPT 大纲，也可以导入文档，其智能算法会分析文档的结构和重点，进行提炼与概述，如图 10-2 所示。

图 10-2

你可以对生成的 PPT 大纲做进一步优化或者个性化调整，保存后即可一键生成 PPT，如图 10-3 所示。

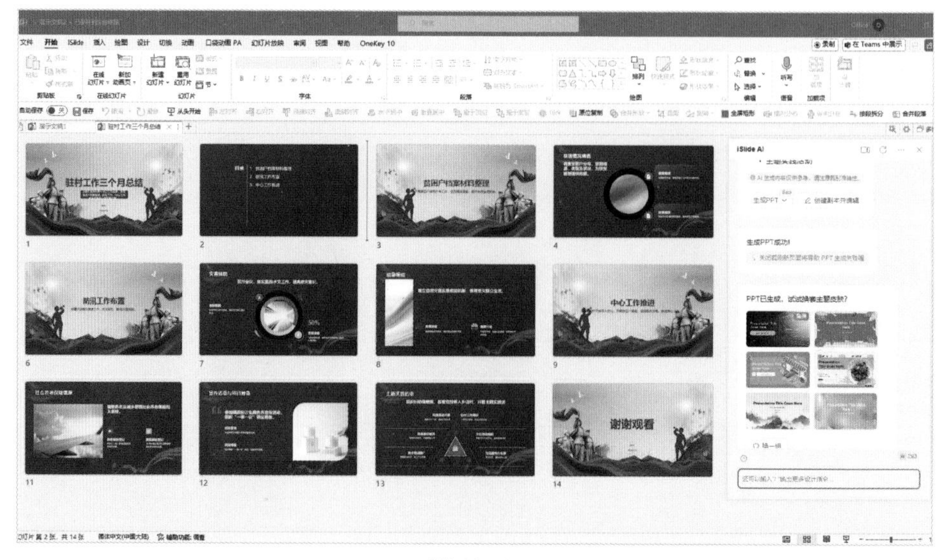


图 10-3

如果对生成的风格不满意，还可以尝试更换主题皮肤。

除了一键生成 PPT，还可以对文字进行翻译、精简、扩充、润色，一键更换主题皮肤、插入图标和图片等。玩法非常多。iSlide 是一个内嵌进 PPT 的插件，你不需要再打开别的网页或者软件，十分方便。

## 10.2　boardmix（博思白板）

boardmix 是一个综合性的 AI 工具，如图 10-4 所示。

图 10-4

它不仅支持用 AI 一键生成 PPT，还支持用 AI 生成图片、思维导图、代码、文案等。你可以直接在界面生成 PPT，也可以从电脑里导入文件生成 PPT，如图 10-5 所示。

图 10-5

如果你追求速度，那么在输入主题后点击“直接生成”按钮，即可生成一套完整的 PPT。如果你追求精准，那么点击“生成大纲”按钮，会先生成一个大纲。你可以新增或者删除大纲中的各项。精细化的调整会使生成的 PPT 更满足你的需求，如图 10-6 所示。

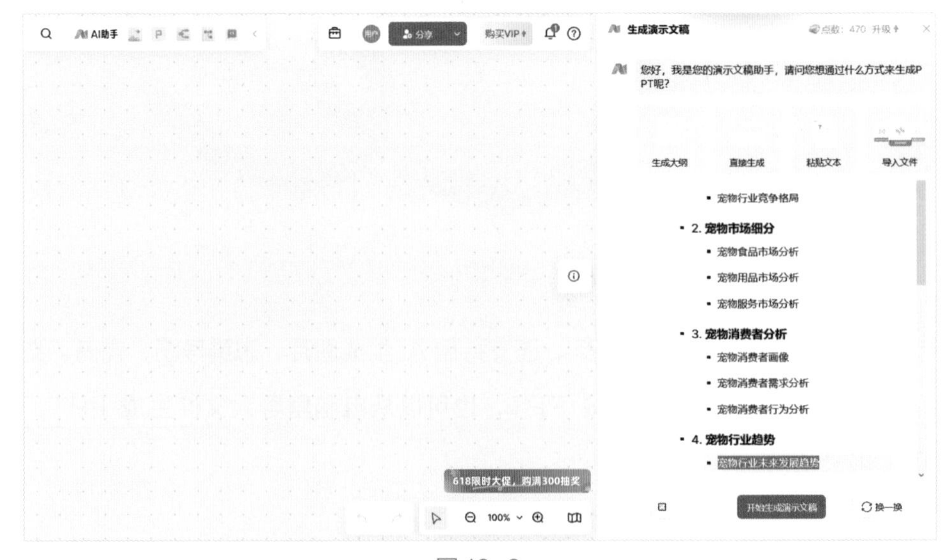


图 10-6

在确定好大纲后，你可以选择喜欢的模板风格来生成 PPT，如图 10-7 所示。

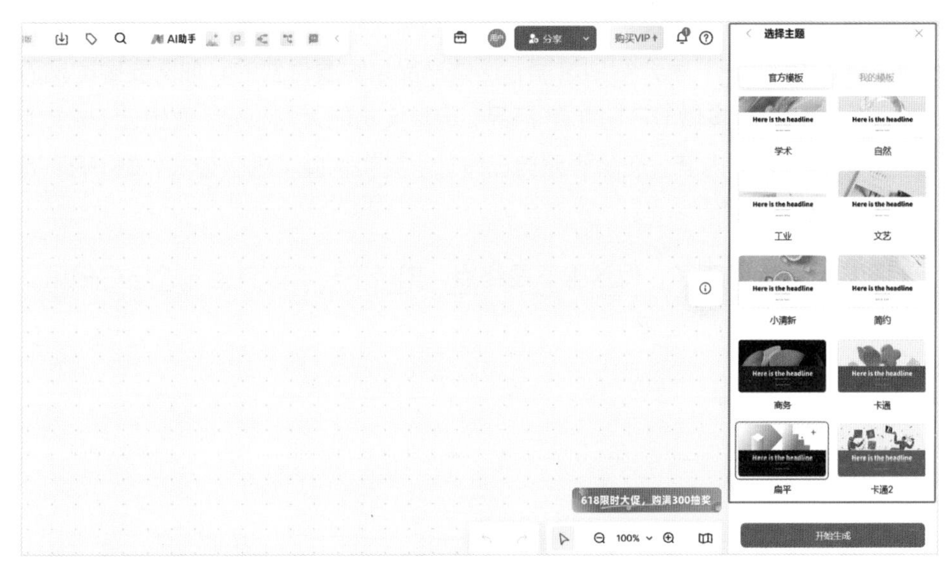


图 10-7

由 boardmix 生成的 PPT 中的所有内容皆可更改，包括更改颜色和字体，如图 10-8 所示。

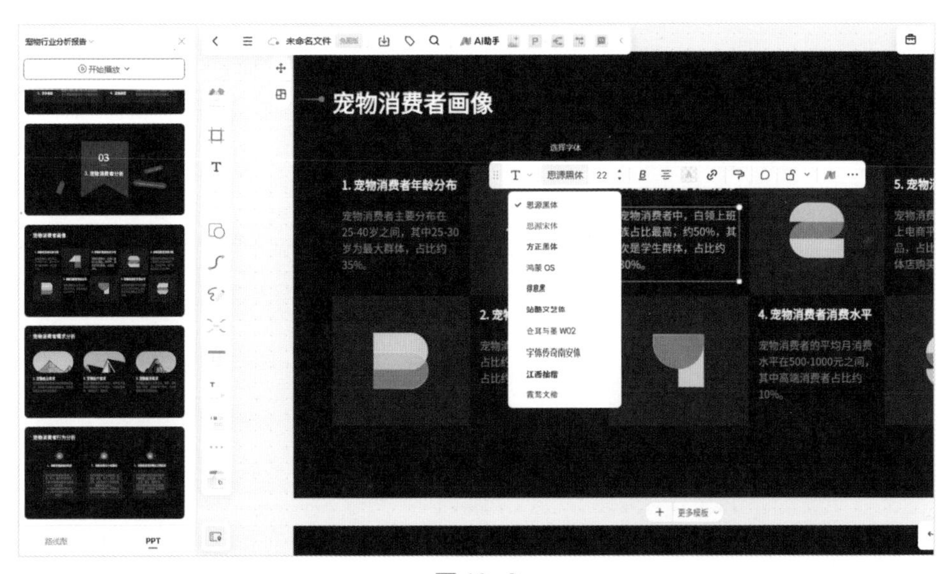


图 10-8

boardmix 也支持网页在线编辑、多人在线协同办公。boardmix 给新用户赠送 500 AI 点数，感兴趣的读者可以尝试使用。

关于用 AI 生成 PPT 就介绍到这里，这些产品是需要付费的，你需要斟酌是否使用。国内还有很多做 PPT 的 AI 产品，但其实功能大同小异。要想让 PPT 能够更好地呈现演讲内容，还是要靠自己设计。其实掌握了排版公式，做 PPT 完全不是难事。

我们的内容接近尾声了，但这里不是终点，期待下一次以其他方式与你相见。再见！